学ぶ人は、
変えて
ゆく人だ。

目の前にある問題はもちろん、

人生の問いや、

社会の課題を自ら見つけ、

挑み続けるために、人は学ぶ。

「学び」で、

少しずつ世界は変えてゆける。

いつでも、どこでも、誰でも、

学ぶことができる世の中へ。

旺文社

もくじ

基礎問題

解答 ➡ 別冊解答2ページ

■ 正負の数

1 次の数を，正の符号，負の符号を使って表しなさい。

(1)　0より10大きい数　　　(2)　0より8小さい数

（　　　　　　　）　　　　　　　　（　　　　　　　）

2 次の(1)～(4)の数を，下の数直線上にしるしなさい。また，絶対値を答えなさい。

(1)　-1　　　(2)　$+3$　　　(3)　$-\dfrac{7}{2}$　　　(4)　$+1.5$

(1)(　　　　　　　)　(2)(　　　　　　　)
(3)(　　　　　　　)　(4)(　　　　　　　)

3 次の各組の数の大小を，不等号を使って表しなさい。

(1)　-9，-14　　　　　(2)　$+6$，-8，0

（　　　　　　　）　　　　（　　　　　　　　）

■ 正負の数の加法・減法

4 次の計算をしなさい。

(1)　$(-2)+(-8)$　　　　(2)　$(-3)+(+7)$

（　　　　　　　）　　　　　　（　　　　　　　）

(3)　$(+4)+(-13)$　　　(4)　$(-9)+(+9)$

（　　　　　　　）　　　　　　（　　　　　　　）

(5)　$(-1)-(+8)$　　　　(6)　$0-(-7)$

（　　　　　　　）　　　　　　（　　　　　　　）

■ 正負の数

正負の数

$$\underbrace{\cdots,\ -3,\ -2,\ -1,}_{\text{負の整数}}\ 0,\ \underbrace{1,\ 2,\ 3,\ \cdots}_{\text{正の整数}}$$
（整数）
自然数

数直線

数直線上では，右にある数ほど大きく，左にある数ほど小さい。

絶対値

数直線上で，ある数に対応する点と原点との距離。

例　-3の絶対値は，3である。

原点との距離は3

数の大小

（負の数）<0<（正の数）
負の数は，絶対値が大きいほど小さい。

■ 正負の数の加法・減法

正負の数の加法

① 同符号の2つの数の和
　絶対値の和に共通の符号をつける。
② 異符号の2つの数の和
　絶対値の大きいほうから小さいほうをひき，絶対値の大きいほうの符号をつける。

正負の数の減法

ひく数の符号を変えて，加法になおして計算する。

5 次の計算をしなさい。

(1) $5 - 12 + 9$

( )

(2) $7 - 8 + 10 - 3$

( )

(3) $-4 - (-5) - 2$

( )

(4) $11 + (-16) - (-14) + 21$

( )

■ 正負の数の乗法・除法

6 次の計算をしなさい。

(1) $(-9) \times (-4)$

( )

(2) $(-3) \times 13$

( )

(3) $(-9) \times (-25) \times (-4)$

( )

(4) -4^2

( )

(5) $(-56) \div 8$

( )

(6) $\left(-\dfrac{3}{7}\right) \div \left(-\dfrac{2}{7}\right)$

( )

7 次の計算をしなさい。

(1) $3 \times (-8) \div (-2)$

( )

(2) $(-9) \div \dfrac{3}{4} \times 5$

( )

■ 四則の混じった計算

8 次の計算をしなさい。

(1) $2 - 4 \times 5$

( )

(2) $-10 - 12 \div (-3)$

( )

(3) $(-5) \times (2 - 7)$

( )

(4) $7 \times (-2)^3 - (-9)$

( )

■ 素因数分解

9 次の数を素因数分解しなさい。

(1) 6

( )

(2) 20

( )

1日目
2日目
3日目
4日目
5日目
6日目
7日目
8日目
9日目
10日目

加法と減法の混じった計算

加法だけの式になおしたとき，＋で結ばれたそれぞれの数を項という。

例 $4 - 9 + 7$
$= (\underline{+4}) + (\underline{-9}) + (\underline{+7})$
　　項　　項　　項

■ 正負の数の乗法・除法

正負の数の乗法・除法

① 同符号の2つの数の積・商
　絶対値の積・商に正の符号をつける。

② 異符号の2つの数の積・商
　絶対値の積・商に負の符号をつける。

いくつかの数の積

積の符号は，
　負の数が奇数個 ⇒ －
　負の数が偶数個 ⇒ ＋
積の絶対値は，それぞれの数の絶対値の積。

乗法の交換法則と結合法則

乗法の交換法則
　$a \times b = b \times a$
乗法の結合法則
　$(a \times b) \times c = a \times (b \times c)$

注意！ 累乗の計算

累乗の計算では，次の計算のちがいに注意する。

例 $(-3)^2 = \underline{(-3) \times (-3)} = 9$
　 $-3^2 = -\underline{(3 \times 3)} = -9$

分数でわる除法

わる数の逆数をかけて，乗法になおして計算する。

乗除の混じった計算

乗法だけの式になおして計算する。

■ 四則の混じった計算

かっこの中・累乗⇒乗除⇒加減の順に計算する。

■ 素因数分解

素因数分解

自然数を素数だけの積で表すこと。
→ 1とその数自身の積でしか表せない自然数

例 $42 = 2 \times 3 \times 7$

基礎力確認テスト

解答 ➜ 別冊解答2ページ

1 -2.7 より大きく，$\dfrac{14}{3}$ より小さい整数は全部で何個ありますか。〈高知〉[4点]

(　　　　　　　)

2 次の(ア)〜(エ)を，数の小さい順に左から記号を書きなさい。〈京都〉[4点]

(ア) $\left(-\dfrac{3}{5}\right)^2$　　(イ) $\dfrac{3^2}{5}$　　(ウ) $-\dfrac{3^2}{5}$　　(エ) $\left(-\dfrac{5}{3}\right)^2$

(　　　　　　　)

3 2020を素因数分解すると，$2020 = 2^2 \times 5 \times 101$ である。$\dfrac{2020}{n}$ が偶数となる自然数 n の個数を求めなさい。〈長崎〉[4点]

(　　　　　　　)

4 次の計算をしなさい。[4点×7]

(1) $(-5) + 4$　　〈新潟〉

(　　　　　　　)

(2) $2 - (-5)$　　〈長野〉

(　　　　　　　)

(3) $3 - (4 - 7)$　　〈山形〉

(　　　　　　　)

(4) $-8 + 1 - 4$　　〈広島〉

(　　　　　　　)

(5) $\dfrac{2}{3} - \dfrac{9}{10}$　　〈兵庫〉

(　　　　　　　)

(6) $-\dfrac{2}{7} + \dfrac{1}{2}$　　〈神奈川〉

(　　　　　　　)

(7) $\dfrac{8}{9} + \left(-\dfrac{3}{2}\right) - \left(-\dfrac{2}{3}\right)$　　〈愛知〉

(　　　　　　　)

5 次の計算をしなさい。[5点×6]

(1) $(-2.5) \times 0.4$ 〈愛媛〉

(　　　　　　　)

(2) $-\dfrac{4}{3} \times \left(-\dfrac{15}{8}\right)$ 〈宮崎〉

(　　　　　　　)

(3) $\dfrac{10}{3} \div (-5)$ 〈青森〉

(　　　　　　　)

(4) $\left(-\dfrac{2}{3}\right) \div \dfrac{4}{9}$ 〈山口〉

(　　　　　　　)

(5) $5 \times \left(-\dfrac{1}{15}\right) \div \dfrac{7}{9}$ 〈山梨〉

(　　　　　　　)

(6) $\dfrac{3}{2} \div \left(-\dfrac{3}{4}\right) \times \dfrac{1}{7}$ 〈和歌山〉

(　　　　　　　)

6 次の計算をしなさい。[5点×4]

(1) $\dfrac{7}{15} \times (-3) + \dfrac{4}{5}$ 〈山梨〉

(　　　　　　　)

(2) $6 - 3 \times (4 - 8)$ 〈神奈川〉

(　　　　　　　)

(3) $-7 + (-4)^2 \div 2$ 〈石川〉

(　　　　　　　)

(4) $(-2)^2 + \left(-\dfrac{3}{2}\right) \div \dfrac{9}{8}$ 〈千葉〉

(　　　　　　　)

7 a が正の数，b が負の数のとき，つねに正しいものはどれですか。次のア〜エの中から1つ選びなさい。〈福島〉[5点]

ア　$a+b$ の計算の結果は正の数　　　　イ　$a-b$ の計算の結果は正の数
ウ　$a \times b$ の計算の結果は正の数　　　　エ　$a \div b$ の計算の結果は正の数

(　　　　　　　)

8 下の表には，6人の生徒A〜Fのそれぞれの身長から，160cmをひいた値が示されている。この表をもとに，これら6人の生徒の身長の平均を求めたところ161.5cmであった。このとき，生徒Fの身長を求めなさい。
ただし，表の右端が折れて生徒Fの値が見えなくなっている。〈千葉〉[5点]

生　　徒	A	B	C	D	E	F
160cmをひいた値(cm)	+8	-2	+5	0	+2	

(　　　　　　　)

文字と式，式の計算

基礎問題

解答 ➡ 別冊解答 3 ページ

■ 文字式の表し方

1 次の式を，文字式の表し方にしたがって表しなさい。

(1) $-y \times 3 \times x$

(　　　　　　　)

(2) $(a-b) \div 2$

(　　　　　　　)

2 次の式を，×や÷の記号を使って表しなさい。

(1) $-5a^2$

(　　　　　　　)

(2) $2(x+y) - \dfrac{z}{3}$

(　　　　　　　)

3 次の数量を，文字を使った式で表しなさい。

(1) 1冊120円のノートx冊と1本80円の鉛筆y本を買ったときの代金の合計

(　　　　　　　)

(2) $a$kmの道のりを時速4kmで歩くのにかかる時間

(　　　　　　　)

■ 1次式の計算

4 次の計算をしなさい。

(1) $-8a+7-9a-5$

(　　　　　　　)

(2) $(6x+4)-(5x-7)$

(　　　　　　　)

(3) $(-2x) \times 7$

(　　　　　　　)

(4) $12a \div 3$

(　　　　　　　)

(5) $(2a-9) \times (-4)$

(　　　　　　　)

(6) $(21x+9) \div (-3)$

(　　　　　　　)

■ 文字式の表し方

文字式の表し方

① 記号×は省く。

② 文字と数の積では，数は文字の前に書く。

1や−1と文字との積は，
$1 \times a = a$，$(-1) \times a = -a$
のように表す。

③ 同じ文字の積は，累乗の指数を使って表す。

④ 記号÷は使わずに，分数の形で書く。

⑤ $b \times a = ab$ のように，文字はふつうアルファベットの順に書く。

数量の表し方

割合の表し方

$a\% \cdots \dfrac{a}{100}$　x割$\cdots \dfrac{x}{10}$

■ 1次式の計算

文字の部分が同じ項を同類項という。

同類項は，1つの項にまとめて簡単にできる。

例 $2x+3x=(2+3)x=5x$

1次式の加減

加法…同類項どうし，数の項どうしをまとめる。

減法…ひく式の各項の符号を変えて加える。

1次式と数の乗法

分配法則 $a(b+c)=ab+ac$ を使って計算する。

1次式と数の除法

分数の形にして約分するか，わる数の逆数をかける乗法になおして計算できる。

■ 関係を表す式

5 次の数量の間の関係を，等式か不等式で表しなさい。

(1) 1本 a 円のジュースを5本買うのに，1000円札を出したら，おつりは b 円だった。

$$(\hspace{5cm})$$

(2) 30枚のクッキーを x 人に2枚ずつ分けたら，クッキーが何枚か余った。

$$(\hspace{5cm})$$

■ 多項式の計算

6 次の計算をしなさい。

(1) $x - 2y - 4x + 5y$

$$(\hspace{3cm})$$

(2) $3a^2 + a + 2a^2 - 7a$

$$(\hspace{3cm})$$

(3) $(5x - y) - (x - 3y)$

$$(\hspace{3cm})$$

(4) $2(a - 3b) - 4(3a + b)$

$$(\hspace{3cm})$$

■ 単項式の乗法・除法

7 次の計算をしなさい。

(1) $4a \times (-5ab)$

$$(\hspace{3cm})$$

(2) $12xy \div \dfrac{4}{7}x$

$$(\hspace{3cm})$$

(3) $2a \times (-3b) \times 7b$

$$(\hspace{3cm})$$

(4) $(-5x^2) \div 10xy \times (-4x)$

$$(\hspace{3cm})$$

■ 式の値

8 $a = -3$, $b = 2$ のとき，次の式の値を求めなさい。

(1) $2(4a - 3b) - (5a + b)$

$$(\hspace{3cm})$$

(2) $18a^2b \div 6a$

$$(\hspace{3cm})$$

■ 等式の変形

9 次の等式を〔 〕の中の文字について解きなさい。

(1) $S = 4ah$ 〔 h 〕

$$(\hspace{3cm})$$

(2) $a + 5b = 8$ 〔 b 〕

$$(\hspace{3cm})$$

■ **関係を表す式**

等式 $\underset{\substack{\text{左辺}\quad\text{右辺}\\ \text{両辺}}}{2a + b = c}$

不等式 $\underset{\substack{\text{左辺}\quad\text{右辺}\\ \text{両辺}}}{2a + b > c}$

■ **多項式の計算**

加法…かっこをはずし，同類項をまとめる。

減法…ひく式の各項の符号を変えて加える。

注意! 同類項

6(2) a^2 と a は同類項ではない。

数×多項式…分配法則を使ってかっこをはずす。

■ **単項式の乗法・除法**

乗法…係数の積に文字の積をかける。

除法…わる式の逆数をかけて約分する。

注意! 逆数のつくり方

7(2) $\dfrac{4}{7}x = \dfrac{4x}{7}$ だから，

$\dfrac{4}{7}x$ の逆数は，$\dfrac{7}{4x}$

乗除の混じった計算

$A \times B \div C = \dfrac{A \times B}{C}$

$A \div B \times C = \dfrac{A \times C}{B}$

$A \div B \div C = \dfrac{A}{B \times C}$

■ **式の値**

負の数を代入するときはかっこをつける。

知っトク 式の値と代入

式を簡単にしてから数を代入すると，計算が簡単になることがある。

■ **等式の変形**

等式を，$x = \sim$ の形に変形することを，x について解くという。

文字と式，式の計算

基礎力確認テスト

解答 ➡ 別冊解答3ページ

1 次の**ア〜エ**のうち，$a+2b$という式で表されるものをすべて選び，記号を書きなさい。

〈大阪〉[5点]

ア a kmの道のりを時速2kmでb時間進んだときの残りの道のり(km)

イ 重さがagの箱に1個の重さがbgの和菓子を2個入れたときの全体の重さ(g)

ウ 1本a円のクレヨン2本の代金と1冊b円のスケッチブック1冊の代金の合計(円)

エ 底辺の長さが$a$cm，残りの2辺の長さがともに$b$cmである二等辺三角形の周の長さ(cm)

( )

2 右の図は，縦，横，高さがそれぞれa，b，cの直方体である。このとき，$2(ab+bc+ca)$は，この直方体のどんな数量を表しますか。〈鹿児島〉[5点]

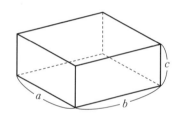

( )

3 次の計算をしなさい。[4点×6]

(1) $\dfrac{7}{4}a - \dfrac{3}{5}a$　〈滋賀〉

(2) $\dfrac{9a-5}{2} - (a-4)$　〈熊本〉

( )　　　　( )

(3) $2(3x-5) - (x-4)$　〈宮城〉

(4) $3(x-7) + 2(2x-5)$　〈和歌山〉

( )　　　　( )

(5) $\dfrac{1}{9}(5x+6) - \dfrac{1}{3}(x+2)$　〈神奈川〉

(6) $\dfrac{1}{5}(7x-4) - \dfrac{1}{2}(x-3)$　〈静岡〉

( )　　　　( )

4 1個$x$kgの品物5個と1個$y$kgの品物3個の重さの合計は，40kg未満である。このときの数量の間の関係を，不等式で表しなさい。〈福島〉[5点]

( )

5 次の計算をしなさい。[4点×4]

(1) $-2a + 3b + 5a - 4b$ 〈大阪〉

(　　　　　　)

(2) $8a - 7b - 2(a + 3b)$ 〈長野〉

(　　　　　　)

(3) $3(3a - b) - 2(a - 2b)$ 〈岡山〉

(　　　　　　)

(4) $\dfrac{5x + y}{4} - \dfrac{x + y}{2}$ 〈山梨〉

(　　　　　　)

6 次の計算をしなさい。[4点×6]

(1) $4a \times 2ab$ 〈山口〉

(　　　　　　)

(2) $24ab^2 \div 3ab$ 〈神奈川〉

(　　　　　　)

(3) $4ab^2 \times \left(-\dfrac{1}{2}b\right)$ 〈岡山〉

(　　　　　　)

(4) $6a^2b \div \dfrac{2}{5}a$ 〈岐阜〉

(　　　　　　)

(5) $8x^2y \times \dfrac{1}{2}y \div (-2x)$ 〈福井〉

(　　　　　　)

(6) $24x^2y \div 3y \div (-2x)$ 〈愛媛〉

(　　　　　　)

7 $x = -2$, $y = \dfrac{1}{3}$ のとき,次の式の値を求めなさい。〈三重〉[5点]

$6xy \div (-2x)^2 \times (-12x^2y)$

(　　　　　　)

8 次の等式を〔　〕の中の文字について解きなさい。[5点×2]

(1) $m = \dfrac{a + 3b}{4}$ 〔 b 〕 〈青森〉

(　　　　　　)

(2) $3x + 5y - 2 = 0$ 〔 y 〕 〈沖縄〉

(　　　　　　)

9 右の図のように,1辺に同じ個数の碁石を並べて,正五角形の形をつくる。1辺に並べる碁石をn個とすると,碁石は全部で何個必要か,nを用いて表しなさい。〈徳島〉[6点]

(　　　　　　)

基礎問題

解答 ➲ 別冊解答 4 ページ

■ 方程式

1 次の方程式で，－3が解であるものはどれですか。すべて選び，記号で答えなさい。

ア　$x+3=6$　　　　　イ　$\dfrac{x}{3}=-1$

ウ　$4x-5=-17$　　　エ　$2x-3=-4x$

（　　　　　　　　）

■ 等式の性質

2 次の方程式を等式の性質を使って解きなさい。

(1)　$x-7=5$　　　　　(2)　$x+3=11$

（　　　　　　）　　　　（　　　　　　）

(3)　$-4x=36$　　　　(4)　$\dfrac{1}{6}x=4$

（　　　　　　）　　　　（　　　　　　）

■ 方程式の解き方

3 次の方程式を解きなさい。

(1)　$2x-5=9$　　　　(2)　$8x=-24+5x$

（　　　　　　）　　　　（　　　　　　）

(3)　$5x-23=-3x-7$　(4)　$7x-11=5x+13$

（　　　　　　）　　　　（　　　　　　）

(5)　$2x-9=11x-18$　(6)　$9x-6=6x+6$

（　　　　　　）　　　　（　　　　　　）

■ 方程式

方程式…式の中の文字に代入する値によって，成り立ったり，成り立たなかったりする等式。
方程式の解…方程式を成り立たせる文字の値。

■ 等式の性質

① 等式の両辺に同じ数や式を加えても，等式は成り立つ。
$A=B$ ならば，$A+C=B+C$
② 等式の両辺から同じ数や式をひいても，等式は成り立つ。
$A=B$ ならば，$A-C=B-C$
③ 等式の両辺に同じ数をかけても，等式は成り立つ。
$A=B$ ならば，$AC=BC$
④ 等式の両辺を同じ数でわっても，等式は成り立つ。
$A=B$ ならば，$\dfrac{A}{C}=\dfrac{B}{C}$
（$C\neq0$）

■ 方程式の解き方

移項…等式の一方の辺にある項は，その項の符号を変えて他方の辺に移すことができる。
例　$x-3=5$
　　$x=5+3$　移項

方程式を解く手順
① x をふくむ項を左辺に，数の項を右辺に移項する。
② $ax=b$ の形にする。
③ 両辺を x の係数 a でわる。

注意! 移項と符号の変化
移項するとき，符号を変えるのを忘れないように！

■ いろいろな方程式

4 次の方程式を解きなさい。

(1) $5(3-2x)+7=2$ (2) $7x+6=3(x-2)$

(   )   (   )

(3) $1.5x-6=0.3x$ (4) $0.3x-0.2=-1.7$

(   )   (   )

(5) $\dfrac{1}{3}x+1=\dfrac{1}{2}x-2$ (6) $\dfrac{1}{2}x-\dfrac{1}{6}=\dfrac{2}{9}x-\dfrac{4}{9}$

(   )   (   )

■ 方程式の解

5 xについての方程式$7x-8=3x-8a$ の解が-2である とき，a の値を求めなさい。

(   )

■ 1次方程式の利用

6 りんごを8個と1個90円のみかんを12個買ったとき の代金は，2040円であった。りんご1個の値段を求 めなさい。

(   )

■ 比例式

7 次の比例式で，x の値を求めなさい。

(1) $3:4=x:8$ (2) $7:x=21:12$

(   )   (   )

(3) $2.4:3.6=6:x$ (4) $\dfrac{1}{2}:\dfrac{5}{4}=x:10$

(   )   (   )

■ いろいろな方程式

かっこをふくむ方程式
分配法則を使って，かっこをは ずす。

注意! かっこと符号の変化
かっこをはずすときは，符号の 変化に気をつける。

係数に小数をふくむ方程式
両辺に10，100，…をかけて， 係数を整数になおす。

注意! 忘れずにすべての項に かける
両辺のすべての項に同じ数をか けることを忘れない。

例 $0.4x-7=0.2x+15$

↓両辺に10をかける

$4x-70=2x+15$

15に10をかけ忘れている！

係数に分数をふくむ方程式
両辺に分母の最小公倍数をかけ て，係数を整数になおす。
このように変形することを分母 をはらうという。

■ 方程式の解

5 方程式に解$x=-2$を代入 して，aについての方程式と みて解く。

■ 1次方程式の利用

方程式を使って問題を解く
①求めるものを明らかにし，何 をxで表すかを決める。
②問題にふくまれている数量を， xを使って表す。
③数量の間の等しい関係をみつ けて方程式をつくる。
④方程式を解く。
⑤解が問題に適しているかどう かを確かめる。

■ 比例式

比例式…$a:b=m:n$のような， 比が等しいことを表す式。
比例式の性質
$a:b=m:n$ならば，$an=bm$

1日目
2日目
3日目
4日目
5日目
6日目
7日目
8日目
9日目
10日目

方程式

基礎力確認テスト

解答 ➡ 別冊解答4ページ

1 次の方程式を解きなさい。[5点×4]

(1) $x - 5 = 3x + 1$ 〈東京〉

(2) $x + 7 = 1 - 2x$ 〈熊本〉

( ) ( )

(3) $9x + 2 = 4x + 17$ 〈沖縄〉

(4) $x + 11 = -5x + 16$ 〈栃木〉

( ) ( )

2 次の方程式を解きなさい。[5点×6]

(1) $9x + 2 = 8(x + 1)$ 〈東京〉

(2) $4(2x - 5) - 3 = 3x + 2$ 〈千葉〉

( ) ( )

(3) $x = \dfrac{1}{2}x - 3$ 〈富山〉

(4) $\dfrac{4x + 3}{3} = -2x + 6$ 〈大阪〉

( ) ( )

(5) $2x - \dfrac{x - 1}{3} = 7$ 〈宮崎〉

(6) $\dfrac{x + 4}{2} = -\dfrac{2x + 1}{3}$ 〈群馬〉

( ) ( )

3 次の問いに答えなさい。[5点×2]

(1) x についての1次方程式 $ax - 3(a - 2)x = 8 - 4x$ の解が -2 のとき，a の値を求めなさい。〈大分〉

( )

(2) x についての1次方程式 $\dfrac{x + a}{3} = 2a + 1$ の解が -7 であるとき，a の値を求めなさい。〈茨城〉

( )

4 比例式 $(3x + 2) : (4x - 9) = 4 : 3$ を解きなさい。〈宮崎〉[5点]

( )

5 ある数xを5倍して7を加えた値は，xを7倍して5を加えた値より20だけ小さい。このとき，ある数xを求めなさい。〈高知〉[5点]

（　　　　　　　　　）

6 1本70円の鉛筆と1本120円のボールペンを合わせて15本買ったら，代金は1350円だった。このとき，買った鉛筆とボールペンの本数をそれぞれ求めなさい。ただし，消費税は考えないものとする。〈秋田〉[6点]

鉛筆（　　　　　　　　）　ボールペン（　　　　　　　）

7 クラスで調理実習のために材料費を集めることになった。1人300円ずつ集めると材料費が2600円不足し，1人400円ずつ集めると1200円余る。このクラスの人数は何人か，求めなさい。〈愛知〉[6点]

（　　　　　　　　　）

8 ある公園の面積はxm²で，その20％は池である。池の面積が140m²であるとき，xの値を求めなさい。〈島根〉[6点]

（　　　　　　　　　）

9 Aさんは自宅から1.8km離れた駅まで行くのに，はじめは分速70mの速さで歩き，途中から分速150mの速さで走ったところ，20分かかった。このとき，歩いた時間と走った時間はそれぞれ何分か，求めなさい。〈千葉〉[6点]

歩いた時間（　　　　　　　　）　走った時間（　　　　　　　）

10 縦の長さと横の長さの比が3：4の長方形がある。縦の長さが45cmのとき，横の長さを求めなさい。〈新潟〉[6点]

（　　　　　　　　　）

1日目
2日目
3日目
4日目
5日目
6日目
7日目
8日目
9日目
10日目

連立方程式

基礎問題

解答 ➜ 別冊解答5ページ

■ 連立方程式

1 次の x, y の値の組のなかで,

連立方程式 $\begin{cases} x - 3y = -11 \\ 4x + 9y = -2 \end{cases}$ の解であるものを選び, 記

号で答えなさい。

ア　$x = 1$, $y = 4$　　イ　$x = -2$, $y = 3$　　ウ　$x = -5$, $y = 2$

（　　　　　　　　）

■ 連立方程式の解き方

2 次の連立方程式を解きなさい。

(1) $\begin{cases} 5x - 2y = -1 \\ 3x - 2y = -3 \end{cases}$　　　　(2) $\begin{cases} 4x - 3y = 18 \\ 7x + 2y = 17 \end{cases}$

（　　　　　　　）　　　（　　　　　　　）

(3) $\begin{cases} 3x - 2y = 34 \\ y = -7x \end{cases}$　　　　(4) $\begin{cases} 8x + y = -10 \\ 3(2x - 3y) + 5y = 2 \end{cases}$

（　　　　　　　）　　　（　　　　　　　）

(5) $\begin{cases} \dfrac{1}{2}x + \dfrac{1}{6}y = -4 \\ \dfrac{1}{4}x - \dfrac{1}{3}y = 3 \end{cases}$　　　　(6) $\begin{cases} 0.8x + 0.5y = 0.2 \\ 4x - 3y = -10 \end{cases}$

（　　　　　　　）　　　（　　　　　　　）

■ 連立方程式

連立方程式…$\begin{cases} x - 3y = -11 \\ 4x + 9y = -2 \end{cases}$

のように, 2つ以上の方程式を組み合わせたもの。

連立方程式の解…組み合わせたどの方程式も成り立たせる文字の値の組。

■ 連立方程式の解き方

加減法…一方の文字の係数の絶対値をそろえ, 左辺どうし, 右辺どうしをたすかひくかして, 1つの文字を消去する解き方。

例　$\begin{cases} x + y = 3 & \cdots① \\ 3x - 2y = 4 & \cdots② \end{cases}$

①×2　　　$2x + 2y = 6$
②　　　＋) $3x - 2y = 4$
yを消去→　$5x \quad = 10$

注意! 両辺に同じ数をかける
右辺にも同じ数をかけるのを忘れない！

代入法…一方の式を他方の式に代入し, 1つの文字を消去する解き方。

例　$\begin{cases} x + y = 5 & \cdots① \\ x = 2y + 1 & \cdots② \end{cases}$

②を①に代入すると,

xを消去→　$(2y + 1) + y = 5$

かっこをふくむ連立方程式
分配法則を使って, かっこをはずす。

係数に小数や分数をふくむ連立方程式
両辺に同じ数をかけて, 係数を整数になおす。

3 方程式 $3x + 4y = -x + y = 7$ を解きなさい。

（　　　　　　　　　　）

■ 連立方程式の解

4 連立方程式 $\begin{cases} ax + by = 7 \\ bx - 2ay = 16 \end{cases}$ の解が，$x = 2$，$y = -1$ である

とき，a，b の値を求めなさい。

（　　　　　　　　　　）

■ 連立方程式の利用

5 家から1400m離れた学校へ行くのに，はじめは分速70mで歩き，途中から分速140mで走ると，全体で16分かかった。このとき，次の問いに答えなさい。

(1) 歩いた道のりを xm，走った道のりを ym とするとき，次の線分図の①，②にあてはまる式を答えなさい。

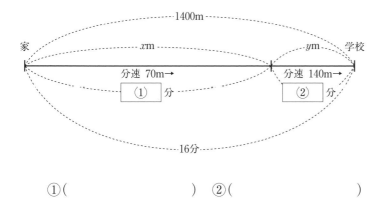

①（　　　　　　　　　） ②（　　　　　　　　　）

(2) 歩いた道のりと走った道のりをそれぞれ求めなさい。

歩いた道のり（　　　　　　　）
走った道のり（　　　　　　　）

1日目
2日目
3日目
4日目
5日目
6日目
7日目
8日目
9日目
10日目

$A = B = C$ の形の連立方程式
次のいずれかの組み合わせをつくって解く。

$$\begin{cases} A = B \\ A = C \end{cases} \quad \begin{cases} A = B \\ B = C \end{cases} \quad \begin{cases} A = C \\ B = C \end{cases}$$

知っトク 組み合わせ方
C が数だけのときは，
$\begin{cases} A = C \\ B = C \end{cases}$ の組み合わせをつくって解くとよい。

■ 連立方程式の解

4 連立方程式に解を代入して，a，b についての連立方程式とみて解く。

■ 連立方程式の利用

①問題にふくまれている数量のうち，どの数量を x，y で表すかを決める。
②数量の間の等しい関係をみつけて，x，y を使って連立方程式に表す。

参考 等しい数量のみつけ方
線分図や表に表すとわかりやすくなる。

③連立方程式を解く。
④解が問題に適しているかどうかを確かめる。

個数と代金の問題
→「個数」の関係と「代金」の関係に着目する。

速さの問題
→「道のり」の関係と「時間」の関係に着目する。

割合の問題
→代金についての問題の場合，「定価」の関係と「割引後の代金」の関係に着目する。

知っトク 割合の表し方

a%…$\dfrac{a}{100}$，a%増…$1 + \dfrac{a}{100}$

a%引き…$1 - \dfrac{a}{100}$

x割…$\dfrac{x}{10}$，x割増…$1 + \dfrac{x}{10}$

x割引き…$1 - \dfrac{x}{10}$

連立方程式

基礎力確認テスト

解答 ➡ 別冊解答 5 ページ

1 2つの2元1次方程式を組み合わせて，$x=3$, $y=-2$ が解となる連立方程式をつくる。このとき，組み合わせる2元1次方程式はどれか。次の**ア**〜**エ**から2つ選び，記号で答えなさい。〈高知〉[9点]

ア $x+y=-1$　　**イ** $2x-y=8$　　**ウ** $3x-2y=5$　　**エ** $x+3y=-3$

（　　　　　　　）

2 次の連立方程式を解きなさい。[8点×4]

(1) $\begin{cases} 3x-y=6 \\ 2x+3y=-7 \end{cases}$　　〈山形〉

(2) $\begin{cases} 3x+2y=13 \\ 2x+3y=12 \end{cases}$　　〈新潟〉

（　　　　　　　）　　　　　　（　　　　　　　）

(3) $\begin{cases} y=x+6 \\ y=-2x+3 \end{cases}$　　〈岩手〉

(4) $\begin{cases} \dfrac{x+y}{2}-\dfrac{x}{3}=1 \\ x+2y=2 \end{cases}$　　〈長崎〉

（　　　　　　　）　　　　　　（　　　　　　　）

3 連立方程式 $\begin{cases} ax+y=7 \\ x-y=9 \end{cases}$ の解が $x=4$, $y=b$ であるとき，a, b の値を求めなさい。

〈愛知〉[9点]

（　　　　　　　）

4 くだもの屋さんで，みかんと桃を買うことにした。みかん10個と桃6個の代金の合計は1710円，みかん6個と桃10個の代金の合計は1890円だった。みかん1個と桃1個の値段は，それぞれいくらですか。

みかん1個の値段をx円，桃1個の値段をy円として方程式をつくり，求めなさい。

〈北海道〉[10点]

みかん（　　　　　　　）　桃（　　　　　　　）

5 ある中学校の生徒数は180人である。このうち，男子の16％と女子の20％の生徒が自転車で通学しており，自転車で通学している男子と女子の人数は等しい。このとき，自転車で通学している生徒は全部で何人か，求めなさい。 〈愛知〉[10点]

（　　　　　　　）

6 サクラさんは，スタート地点からA地点，B地点を経てゴール地点まで，全長3kmのコースを走った。スタート地点からA地点までは分速150mで8分間走り，A地点からB地点までは分速120mで走った。そして，B地点からゴール地点までは分速180mで走ると，スタートしてからゴールまで22分かかった。

このとき，次の問いに答えなさい。 〈佐賀〉[15点×2]

(1) A地点からB地点までの道のりをxm，B地点からゴール地点までの道のりをymとして，x, yについての連立方程式を次のようにつくった。

このとき，①，②にあてはまる式を求めなさい。

$$\begin{cases} \boxed{\qquad ① \qquad} = 3000 \\ \boxed{\qquad ② \qquad} = 22 \end{cases}$$

①（　　　　　　　）　②（　　　　　　　）

(2) A地点からB地点までの道のりと，B地点からゴール地点までの道のりをそれぞれ求めなさい。

A地点からB地点まで（　　　　　　　）

B地点からゴール地点まで（　　　　　　　）

比例と反比例

基礎問題

解答 ➡ 別冊解答6ページ

■ 比例・反比例の式

1 次の(1)～(3)について，yをxの式で表しなさい。また，yがxに比例するものには○を，反比例するものには△を書きなさい。

例　1本x円の鉛筆を5本買ったときの代金y円

（式　　　　$y=5x$　　　　，　　　○　　　）

(1)　分速80mでx分間歩いたときの道のりym

（式　　　　　　　　　　　，　　　　　）

(2)　面積20 cm²の平行四辺形の底辺$x$cmと高さ$y$cm

（式　　　　　　　　　　　，　　　　　）

(3)　1辺$x$cmの正方形の周の長さ$y$cm

（式　　　　　　　　　　　，　　　　　）

■ 比例・反比例の式の求め方

2 yはxに比例し，$x=3$のとき$y=9$である。

(1)　yをxの式で表しなさい。　　（　　　　　　　）

(2)　$x=-2$のときのyの値を求めなさい。

（　　　　　　　）

3 yはxに反比例し，$x=2$のとき$y=-4$である。

(1)　yをxの式で表しなさい。　　（　　　　　　　）

(2)　$x=-8$のときのyの値を求めなさい。

（　　　　　　　）

■ 比例・反比例の式

関数

ともなって変わる2つの量x，yがあって，xの値を決めると，それにともなってyの値がただ1つに決まるとき，yはxの関数であるという。

比例・反比例の式

xとyの関係を式に表したとき，

比例の式　…$y=ax$

反比例の式…$y=\dfrac{a}{x}$

（aは比例定数）

■ 比例・反比例の式の求め方

比例の式の求め方

①式を$y=ax$とおく。

②対応するx，yの値を代入する。

③比例定数aの値を求める。

反比例の式の求め方

①式を$y=\dfrac{a}{x}$とおく。

②対応するx，yの値を代入する。

③比例定数aの値を求める。

►知っトク 反比例の比例定数

$y=\dfrac{a}{x}$　⇒　$xy=a$

比例定数aはxとyの積に等しい。

1日目
2日目
3日目
4日目
5日目
6日目
7日目
8日目
9日目
10日目

■ 比例・反比例のグラフ

4 次の関数のグラフを右の図にかきなさい。

(1) $y = \dfrac{2}{3}x$

(2) $y = -x$

(3) $y = \dfrac{6}{x}$

(4) $y = -\dfrac{4}{x}$

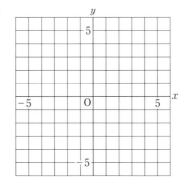

5 右の図で，直線①は比例のグラフ，双曲線②は反比例のグラフである。

(1) 直線①の式を求めなさい。

　（　　　　　　　　　）

(2) 双曲線②の式を求めなさい。

　（　　　　　　　　　）

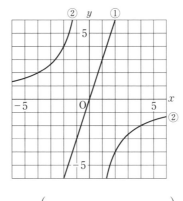

■ 比例・反比例の利用

6 長さ50cm，重さ450gのパイプがある。

(1) このパイプ$x$cmの重さをygとして，yをxの式で表しなさい。　（　　　　　　　　　）

(2) このパイプ180cmの重さは何gですか。

　（　　　　　　　　　）

7 容積が10Lの空の水そうがある。

(1) 毎分xLの割合で水を入れると，y分間で満水になるとする。yをxの式で表しなさい。

　（　　　　　　　　　）

(2) 2分間で満水にするには，毎分何Lの割合で水を入れればよいですか。

　（　　　　　　　　　）

■ 比例・反比例のグラフ

比例のグラフ

原点を通る直線

$a>0$　　　　　$a<0$

右上がり　　　右下がり

比例のグラフのかき方

グラフが通る，原点以外の1つの点をとり，その点と原点を通る直線をひく。

反比例のグラフ

双曲線（2つの曲線）

$a>0$　　　　　$a<0$

右の図

反比例のグラフのかき方

対応するx，yの値の組を座標とする点をとり，なめらかな曲線で結ぶ。

グラフから式を求める

①比例のグラフ　⇒　$y=ax$
　反比例のグラフ　⇒　$y=\dfrac{a}{x}$
　とおく。

②グラフが通る点のうち，x座標，y座標がともに整数である点をみつける。

③①の式に，②でみつけた点のx座標，y座標の値をそれぞれ代入し，比例定数aの値を求める。

■ 比例・反比例の利用

ともなって変わる2つの変数x，yが，比例の関係にあるのか，反比例の関係にあるのかを見抜くことが大切である。

7 (2) (1)で求めた式に$y=2$を代入して求める。

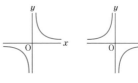

基礎力確認テスト

解答 ➡ 別冊解答6ページ

1 次のア～エについて，yがxに比例するものと，yがxに反比例するものをそれぞれ1つずつ選び，記号で答えなさい。〈岩手〉[4点×2]

ア　1辺の長さが$x$cmの正方形の面積は$y$cm²である。

イ　高速道路を時速90kmで走っている自動車は，x時間で$y$km進む。

ウ　200ページの本をxページまで読んだとき，残りのページ数はyページである。

エ　20L入る容器に毎分xLずつ水を入れるとき，空の状態からいっぱいになるまでにy分間かかる。

比例するもの（　　　　　　　）　反比例するもの（　　　　　　　）

2 次の問いに答えなさい。[6点×6]

(1)　yはxに比例し，$x=6$のとき$y=-9$である。yをxの式で表しなさい。〈山口〉

（　　　　　　　　　）

(2)　yはxに比例し，$x=2$のとき$y=-6$となる。$x=-3$のとき，yの値を求めなさい。

〈北海道〉

（　　　　　　　　　）

(3)　yはxに反比例し，$x=3$のとき$y=1$である。yをxの式で表しなさい。〈栃木〉

（　　　　　　　　　）

(4)　yはxに反比例し，$x=-6$のとき$y=5$である。$x=15$のときのyの値を求めなさい。

〈高知〉

（　　　　　　　　　）

(5)　反比例$y=\dfrac{a}{x}$のグラフが，点$(4, -3)$を通るとき，aの値を求めなさい。〈兵庫〉

（　　　　　　　　　）

(6)　下の表は，yがxに反比例する関係を表している。aの値を求めなさい。〈長野〉

x	$\cdots$	-9	$\cdots$	-3	$\cdots$
y	$\cdots$	a	$\cdots$	2	$\cdots$

（　　　　　　　　　）

3 右の図のように，2つの関数 $y = \dfrac{a}{x}\,(a>0)$, $y = -\dfrac{5}{4}x$ のグラフ上で，x 座標が2である点をそれぞれA，Bとする。AB＝6となるときの a の値を求めなさい。

〈栃木〉[10点]

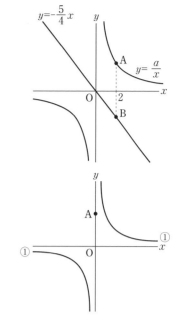

(　　　　　　　　　)

4 右の図において，①は関数 $y = \dfrac{12}{x}$ のグラフであり，点Aは y 軸上の点で，その y 座標は6である。このとき，次の問いに答えなさい。〈高知〉[8点×2]

(1) 点Aを通り，x 軸に平行な直線が①のグラフと交わる点の座標を求めなさい。

(　　　　　　　　　)

(2) ①のグラフ上の点で，x 座標と y 座標がともに整数となる点は全部で何個ありますか。

(　　　　　　　　　)

5 厚さが一定の1枚の厚紙から，図1のような1辺の長さが20cmの正方形と，図2のような形を切り取って，それぞれ重さをはかると，20g，4gであった。次の問いに答えなさい。〈山口・改〉[8点×2]

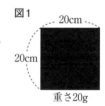

(1) この厚紙 $x\,\mathrm{cm}^2$ の重さを y g とするとき，y を x の式で表しなさい。

(　　　　　　　　　)

(2) 図2の形の面積を求めなさい。

(　　　　　　　　　)

6 歯の数が18の歯車Aに1分間に5回転するモーターがついている。この歯車Aに歯車Bがかみ合っている。〈佐賀・改〉[7点×2]

(1) 歯車Bの歯の数を x，歯車Aが1分間回転するときの歯車Bの回転数を y とするとき，x と y の関係を式で表しなさい。

(　　　　　　　　　)

(2) 歯車Bの歯の数が15であるとき，歯車Bは1分間に何回転するか，求めなさい。

(　　　　　　　　　)

1次関数

基礎問題

解答 ➡ 別冊解答7ページ

■ 1次関数の式，変化の割合

1 次の**ア**〜**オ**の式で表される関数のうち，y が x の1次関数であるものをすべて選び，記号で答えなさい。

ア $y = -\dfrac{x}{3}$ 　　**イ** $y = 2x + 1$ 　　**ウ** $y = \dfrac{4}{x}$

エ $x + y = 5$ 　　**オ** $y = 6x^2$

（　　　　　　　）

2 次の関数の変化の割合を求めなさい。また，x の増加量が8のときの y の増加量を求めなさい。

(1) 関数 $y = 2x - 5$

変化の割合（　　　　　　）

y の増加量（　　　　　　）

(2) 関数 $y = -\dfrac{1}{4}x + 1$

変化の割合（　　　　　　）

y の増加量（　　　　　　）

■ 1次関数のグラフ

3 次の関数のグラフを右の図にかきなさい。

(1) $y = 3x - 2$

(2) $y = \dfrac{2}{3}x + 1$

(3) $y = -\dfrac{1}{2}x - 3$

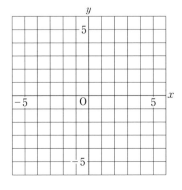

■ 1次関数の式，変化の割合

1次関数

y が x の1次式で表されるとき，y は x の1次関数であるという。

1次関数の式…$y = ax + b$
　　　　　　（a，bは定数）

比例 $y = ax$ は，

1次関数 $y = ax + b$ で，$b = 0$ の場合である。

1次関数の変化の割合

（変化の割合）＝ $\dfrac{（y\text{の増加量}）}{（x\text{の増加量}）}$

1次関数 $y = ax + b$ の変化の割合は一定で，a に等しい。

2 （変化の割合）＝ $\dfrac{（y\text{の増加量}）}{（x\text{の増加量}）}$

より，

（yの増加量）
＝（変化の割合）×（xの増加量）

知っトク 1次関数 $y = ax + b$ の a の意味

1次関数 $y = ax + b$ の a は，x の増加量が1のときの y の増加量を意味する。

■ 1次関数のグラフ

1次関数のグラフ

1次関数 $y = ax + b$ のグラフは，傾き a，切片 b の直線である。

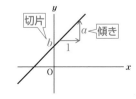

■ 1次関数の式の求め方

4 次の1次関数の式を求めなさい。

(1) グラフの傾きが−2で，点(3，4)を通る直線である。

( )

(2) 変化の割合が，関数$y = -5x + 8$に等しく，$x = -2$のとき$y = -1$である。

( )

(3) グラフが2点(4，5)，(6，4)を通る直線である。

( )

■ 方程式とグラフ

5 右の図について，次の問いに答えなさい。

(1) 直線ℓの式を求めなさい。

( )

(2) 方程式$2x - y = -4$のグラフをかきなさい。

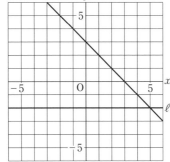

(3) (2)のグラフと直線mとの交点の座標を求めなさい。

( )

■ 1次関数の利用

6 Aさんは，自分の家を出て，途中で休けいをしてから，Bさんの家まで行った。右の図は，Aさんが家を出てからx分後にいる地点から，Bさ

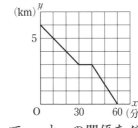

んの家までの道のりを$y$kmとして，xとyの関係をグラフに表したものである。

(1) 何分間休けいしましたか。

( )

(2) 家を出てから45分後には，Bさんの家から何kmの地点にいますか。

( )

1日目
2日目
3日目
4日目
5日目
6日目
7日目
8日目
9日目
10日目

■ 1次関数の式の求め方

傾きと通る1点の座標から求める

①式を$y = ax + b$とおく。
②aに傾きの値を代入する。
③1点の座標の値を代入して，bの値を求める。

通る2点の座標から求める

・傾きを求める方法
①式を$y = ax + b$とおく。
②2点の座標から，傾きaの値を求める。
　例　2点(1，2)，(3，6)を通る。
　⇒(傾き)$= \dfrac{6-2}{3-1} = 2$

③②の値と1点の座標の値を代入して，bの値を求める。

・連立方程式を利用する方法
①式を$y = ax + b$とおく。
②2点の座標の値をそれぞれ代入する。
③a，bについての連立方程式を解き，a，bの値を求める。

■ 方程式とグラフ

2元1次方程式のグラフ
直線になる。特に，
　$y = k$　⇒　x軸に平行な直線
　$x = h$　⇒　y軸に平行な直線
　　　　　　　(k，hは定数)
2直線の交点の座標
2直線の式を連立方程式とみたときの解になる。

■ 1次関数の利用

速さ・時間・道のりの問題で，xを時間，yを道のりとするとき，xとyの関係を表すグラフが直線となる場合，
　直線の傾き　⇒　速さ
を表している。
また，
　x軸に平行　⇒　位置は
　　　　　　　　　変化しない
ことを表している。

1次関数

基礎力確認テスト

解答 ➜ 別冊解答7ページ

1 次の①～④の中から，yがxの1次関数であるものをすべて選び，その番号を書きなさい。〈佐賀〉[8点]

① 1辺が$x$cmの正三角形の周の長さ$y$cm

② 面積が30cm²の長方形の縦の長さ$x$cmと横の長さ$y$cm

③ 底面の半径が$x$cm，高さが5cmの円錐の体積$y$cm³

④ 水が10L入っている水そうに，毎分2Lの割合でx分間水を入れるときの水そうの水の量yL

（　　　　　　　）

2 次の問いに答えなさい。[8点×5]

(1) 1次関数$y=3x+1$について，xの増加量が2のときのyの増加量を求めなさい。

〈徳島〉

（　　　　　　　）

(2) 1次関数$y=\dfrac{3}{4}x-5$について，xの増加量が12のときのyの増加量を求めなさい。

〈愛知〉

（　　　　　　　）

(3) yはxの1次関数で，xに対応するyの値は下の表のようになっている。この1次関数の式を求めなさい。〈長野〉

x	…	-3	…	0	…	3	…	6	…
y	…	4	…	5	…	6	…	7	…

（　　　　　　　）

(4) 直線$y=-\dfrac{2}{3}x+5$に平行で，点$(-6,\ 2)$を通る直線の式を求めなさい。〈京都〉

（　　　　　　　）

(5) 2点$(0,\ 2)$，$(6,\ 0)$を通る直線の式を求めなさい。〈北海道〉

（　　　　　　　）

3 右の図は，1次関数 $y=ax+b$ $(a，b$は定数$)$のグラフ
である。このときの$a，b$の正負について表した式の
組み合わせとして正しいものを，次の**ア，イ，ウ，**
エのうちから1つ選んで，記号で答えなさい。〈栃木〉[12点]

　ア　$a>0，b>0$　　　**イ**　$a>0，b<0$

　ウ　$a<0，b>0$　　　**エ**　$a<0，b<0$

（　　　　　　　　　）

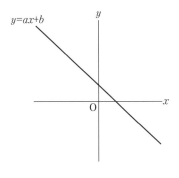

4 右の図のように，反比例の関係$y=-\dfrac{6}{x}$のグラフと
直線$y=ax+2$が，2点P，Qで交わっている。点
Pのx座標が-2であるとき，aの値を求めなさい。

〈和歌山〉[12点]

（　　　　　　　　　）

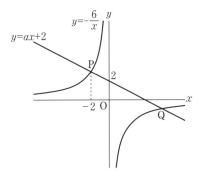

~~右の図のように，2つの直線 $\ell，m$ が，点Pで交わっている。~~

（　　　　　　　　　）

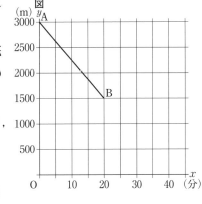

〜から 3000m 離れ
〜線分 AB は，
〜後の地点から自宅
〜 $0≦x≦20$ のときの

〈鳥取〉[8点×2]

〜グラフを読み取り，

）

〜20分後に，雨が降り出した。吉川さんは，10分
〜ち，急いで自宅に向かったところ，到着したのは
〜あった。

〜定の速さで自宅に向かったものとして，xの変域
〜関係を表すグラフを，上のグラフに続けてかきな

ゆく人だ。

は、

7日目 平面図形，空間図形

基礎問題

解答 ➡ 別冊解答8ページ

■ 図形の移動

1 次の図の△ABCを，それぞれ(1)，(2)のように移動して できる△PQRをかきなさい。

(1) 矢印の方向にその 長さだけ平行移動

(2) 点Oを回転の中心と して，反時計回りに 90°回転移動

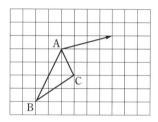

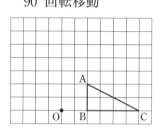

■ 基本の作図

2 右の図の△ABCに ついて，次の作図を しなさい。

(1) 辺ACの垂直二等分線

(2) ∠ACBの二等分線

■ 円とおうぎ形

3 右のおうぎ形について， 次の問いに答えなさい。

(1) 弧の長さを求めなさい。

（　　　　　　　）

(2) 面積を求めなさい。

（　　　　　　　）

■ 図形の移動

平行移動
一定の方向に， 一定の距離だけ動かす移動。

回転移動
1つの点(対称の中心)を中心として， 一定の角度だけ回転する移動。

対称移動
1つの直線(対称の軸)を折り目として折り返す移動。

■ 基本の作図

垂直二等分線

垂線

点が直線上にある　　点が直線上にない

角の二等分線

■ 円とおうぎ形

弧の長さ $\ell = 2\pi r \times \dfrac{a}{360}$

面積 $S = \pi r^2 \times \dfrac{a}{360} = \dfrac{1}{2}\ell r$

接線の性質
円の接線は，その 接点を通る半径に 垂直である。

接点　接線

■ 直線や平面の位置関係

4 右の図の直方体について，次の(1)～(3)にあてはまるものをすべて答えなさい。

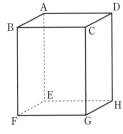

(1) 面BFGCに垂直な面

（　　　　　　　　　　）

(2) 辺ADと平行な辺

（　　　　　　　　　　）

(3) 辺ADとねじれの位置にある辺

（　　　　　　　　　　）

■ 展開図・投影図

5 右の図は三角柱の展開図である。この展開図を組み立てたとき，点Aと重なる点をすべて答えなさい。

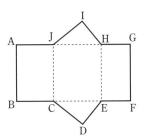

（　　　　　　　　）

6 右の投影図で表された立体の名前を答えなさい。

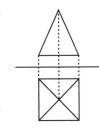

（　　　　　　　　）

■ 立体の体積と表面積

7 右の図の円柱の表面積を求めなさい。

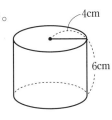

4cm

6cm

（　　　　　　　　）

8 半径3cmの球の体積と表面積を求めなさい。

体　積（　　　　　　　）

表面積（　　　　　　　）

1日目　2日目　3日目　4日目　5日目　6日目　7日目　8日目　9日目　10日目

■ 直線や平面の位置関係

平面の決定
①同じ直線上にない3点を通る。
②交わる2直線をふくむ。
③平行な2直線をふくむ。

2つの線の位置関係

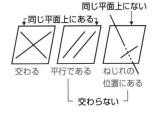

同じ平面上にない

同じ平面上にある

交わる　　平行である　　ねじれの位置にある

交わらない

ねじれの位置
空間内で，2直線が，平行でなく交わらない位置関係にあること。

■ 展開図・投影図

投影図
立面図と平面図を合わせた図。
・立面図…正面から見た図。
・平面図…真上から見た図。

■ 立体の体積と表面積

角柱・円柱
・（体積）＝（底面積）×（高さ）
・（円柱の体積）＝$\pi r^2 h$
・（表面積）＝（側面積）
　　　　　＋（底面積）×2

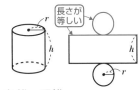

長さが等しい

角錐・円錐
・（体積）＝$\frac{1}{3}$×（底面積）×（高さ）
・（円錐の体積）＝$\frac{1}{3}\pi r^2 h$
・（表面積）＝（側面積）＋（底面積）

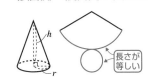

長さが等しい

球
・（体積）＝$\frac{4}{3}\pi r^3$
・（表面積）＝$4\pi r^2$

平面図形，空間図形

基礎力確認テスト

解答 ➡ 別冊解答8ページ

1 右の図のような，∠A＝50°，∠B＝100°，∠C＝30°の△ABCがある。この三角形を点Aを中心として時計回りに25°回転させる。この回転により点Cが移動した点をPとするとき，点Pを作図によって求めなさい。ただし，作図には定規とコンパスを使い，また，作図に用いた線は消さないこと。〈栃木〉[10点]

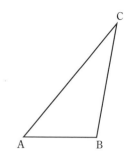

2 右の図は，点Aを通る円である。この円の中心をOとし，点Aで接する直線を ℓ とする。次の問いに答えなさい。ただし，作図には定規とコンパスを使い，作図に用いた線も残しておくこと。〈鹿児島・改〉[10点×2]

(1) 点Oを作図によって求めなさい。

(2) 直線 ℓ を作図によって求めなさい。

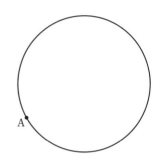

3 右の図で，点Cは線分ABを直径とする半円Oの $\overset{\frown}{AB}$ 上にある点で，2点A，Bとは一致しない。点Oと点C，点Bと点Cをそれぞれ結ぶ。$\overset{\frown}{AC}＝\dfrac{2}{9}\overset{\frown}{AB}$ のとき，∠OCBは何度ですか。〈東京〉[10点]

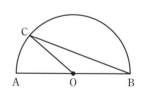

（　　　　　　　　）

4 右の図の三角柱ABC−DEFにおいて，辺EFとねじれの位置にある辺の数はいくつですか。〈栃木〉[10点]

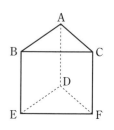

（　　　　　　　　）

5 次の投影図で表された立体のうち，三角柱はどれか，**ア〜エ**から1つ選びなさい。

〈徳島〉［10点］

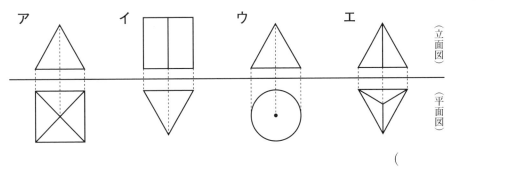

ア　イ　ウ　エ

（立面図）

（平面図）

（　　　　　　　　）

6 右の図は，円錐の投影図である。この円錐の表面積を求めなさい。〈富山〉［10点］

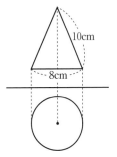

10cm

8cm

（　　　　　　　　）

7 右の図のように，AB＝5cm，BC＝3cmの長方形ABCDがある。この長方形ABCDを，辺DCを軸として1回転させてできる立体の表面積を求めなさい。〈埼玉〉［10点］

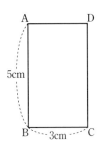

A　　　　D

5cm

B　3cm　C

（　　　　　　　　）

8 右の図のように，半径が3cmの球と，底面の半径が3cmの円柱がある。これらの体積が等しいとき，円柱の高さを求めなさい。

〈佐賀〉［10点］

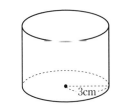

3cm

3cm

（　　　　　　　　）

9 右の図は，1辺の長さが2cmの立方体ABCD－EFGHである。この立方体を3点A，F，Hを通る平面で2つに分けるとき，点Cをふくむ側の立体の体積は何cm³ですか。〈鹿児島〉［10点］

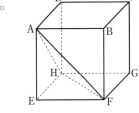

D　　　　C

A　　　B

H　　　G

E　　　F

（　　　　　　　　）

1日目
2日目
3日目
4日目
5日目
6日目
7日目
8日目
9日目
10日目

平行と合同

学習日　　月　　日

基礎問題

解答 ➡ 別冊解答9ページ

■ 対頂角，平行線と角

1 次の図で，$\ell /\!/ m$ のとき，$\angle x$ の大きさを求めなさい。

(1)
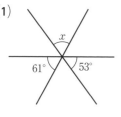

(　　　　　　　)

(2)
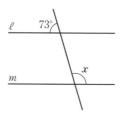

(　　　　　　　)

(3)
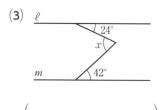

(　　　　　　　)

(4)
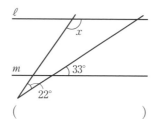

(　　　　　　　)

■ 三角形の内角と外角

2 次の図で，$\angle x$ の大きさを求めなさい。

(1)
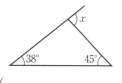

(　　　　　　　)

(2)
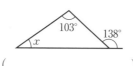

(　　　　　　　)

■ 多角形の内角と外角

3 次の問いに答えなさい。

(1) 十角形の内角の和を求めなさい。

(　　　　　　　)

(2) 正十八角形の1つの外角の大きさを求めなさい。

(　　　　　　　)

■ 対頂角，平行線と角

対頂角の性質
対頂角は等しい。
$\angle a = \angle c$
$\angle b = \angle d$

角と平行線の性質
2直線が平行ならば，
同位角は等しい。
$\angle a = \angle b$

錯角は等しい。
$\angle a = \angle c$

平行線になるための条件
同位角または錯角が等しいとき，
2直線は平行である。
上の図で，
$\angle a = \angle b \ \Rightarrow \ \ell /\!/ m$
$\angle a = \angle c \ \Rightarrow \ \ell /\!/ m$

1 (3)　$\angle x$ の頂点を通り，ℓ, m に平行な直線をひいて考える。

■ 三角形の内角と外角

三角形の内角・外角の性質
三角形の内角の和は180°
三角形の外角は，それととなり合わない2つの内角の和に等しい。

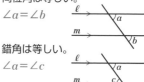

■ 多角形の内角と外角

多角形の内角・外角の和
n 角形の内角の和は，
$180° \times (n-2)$
多角形の外角の和は，360°

■ 三角形の合同条件

4 右の図のように，線分AB，CD の交点をEとする。AE = BE， ∠A = ∠Bのとき，次の問いに 答えなさい。

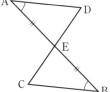

(1) 合同な三角形の組を，記号 ≡ を 使って答えなさい。

（   ）

(2) (1)で使った三角形の合同条件を答えなさい。

（   ）

5 右の図の△ABC と△DEFで， AB = DE， AC = DFである。

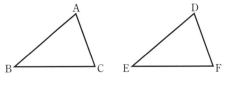

この2つの三角形が合同であるためには，あと1つどんな条件が加わればよいですか。辺についての条件と角についての条件を，それぞれ三角形の合同条件に直接あてはまるように答えなさい。

辺（   ） 角（   ）

■ 三角形の合同条件を使った証明

6 右の図で，AB = AC， AD = AEであるとき， BE = CDであることを次のように証明した。（ ）にあてはまるものを書き入れなさい。

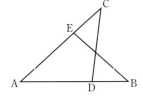

（仮定） AB = AC，（⑦   ）
（結論） （④   ）
（証明） △ABEと（⑨   ）で，
仮定から，   AB = AC   ……①
              AE =（⑤   ） ……②
共通だから，   ∠A = ∠A   ……③
①，②，③から，（⑦   ）
がそれぞれ等しいので，△ABE ≡ △ACD
合同な図形の対応する辺の長さは等しいから，
            BE = CD

■ 三角形の合同条件

① 3組の辺がそれぞれ等しい。

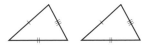

② 2組の辺とその間の角がそれぞれ等しい。

③ 1組の辺とその両端の角がそれぞれ等しい。

合同な図形の性質
対応する線分の長さは等しい。
対応する角の大きさは等しい。

注意! 三角形の合同条件

2組の辺の間の角が等しくなければ上の②の合同条件は使えない。
例

■ 三角形の合同条件を 使った証明

仮定と結論
p ならば **q**
仮定   結論
例 aもbも奇数ならばa + bは 偶数である。
仮定 a，bは奇数
結論 a + bは偶数

証明のしくみ

注意! 合同な図形

合同を表す記号≡を使うときは，対応する頂点を周にそって同じ順に書く。

平行と合同

得点 ／100点

基礎力確認テスト

解答 ➡ 別冊解答9ページ

1 右の図のように，3つの直線がある。直線 l，m が $l /\!/ m$ であるとき，∠x の大きさを求めなさい。〈北海道〉[12点]

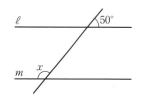

(　　　　　　　)

2 右の図で，2直線 l，m は平行であり，点Dは∠BACの二等分線と直線 m との交点である。このとき，∠x の大きさを求めなさい。〈京都〉[12点]

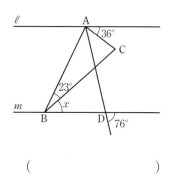

(　　　　　　　)

3 右の図で，∠x の大きさを求めなさい。〈宮崎〉[12点]

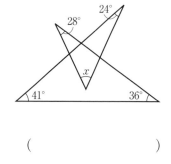

(　　　　　　　)

4 右の図のように，四角形ABCDの3つの頂点における外角がわかっているとき，∠x の大きさは何度か，求めなさい。〈兵庫〉[12点]

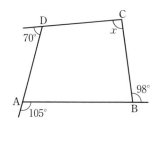

(　　　　　　　)

5 右の図の△ABCと△DEFにおいて，AB＝DE，BC＝EFである。このほかにどの辺や角が等しければ，△ABCと△DEFとが合同であるといえるか。ア，イ，ウ，エのうちあてはまるものは2つある。そのうち1つを選んで記号で答えなさい。また，そのときに使う三角形の合同条件を答えなさい。

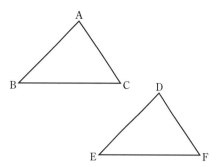

〈栃木〉[13点]

ア AC＝DF **イ** ∠BAC＝∠EDF
ウ ∠ABC＝∠DEF **エ** ∠BCA＝∠EFD

記号（　　　　　）　合同条件（　　　　　　　　　　　　）

6 直線ℓ上にある点Pを通るℓの垂線をひくために，次のように作図をした。

Ⅰ　点Pを中心とする円をかき，直線ℓとの交点をA，Bとする。

Ⅱ　点A，Bを，それぞれ中心として，等しい半径の2つの円を交わるようにかき，その交点の1つをQとする。

Ⅲ　直線PQをひく。

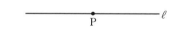

この直線PQが直線ℓと垂直であることを次のように証明した。　ア　，　イ　，　ウ　をうめて証明を完成させなさい。〈愛知〉[13点×3]

（証明）　△QAPと△QBPで，

　　　　PA＝PB　　　　　　……①
　　　　PQ＝PQ　　　　　　……②
　　　　AQ＝　ア　　　　　……③

　①，②，③から，3組の辺がそれぞれ等しいから，
　　△QAP≡△QBP
　よって，∠QPA＝∠　イ　　……④
　④と∠QPA＋∠　イ　＝　ウ　°から，∠QPA＝90°
　つまり，PQ⊥ℓ

ア（　　　　　　　）　イ（　　　　　　　）　ウ（　　　　　）

基礎問題

解答 ➜ 別冊解答 10 ページ

■ 二等辺三角形

1 次の図で，同じ印をつけた辺の長さは等しいとして，∠xの大きさを求めなさい。

(1)
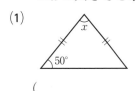

(　　　　　　　　　)

(2)
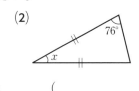

(　　　　　　　　　)

(3)

(　　　　　　　　　)

■ 逆

2 次のことがらの逆を答えなさい。また，それが正しいかどうかを調べて，正しい場合は○を書き，正しくない場合は反例を１つ示しなさい。

△ABCが鋭角三角形ならば，∠Bは鋭角である。

逆(　　　　　　　　　　　　　　　　)

○または反例(　　　　　　　　　　　)

■ 直角三角形の合同条件

3 次の図で，△ABCと合同な三角形を２つ答えなさい。また，そのとき使った合同条件を答えなさい。

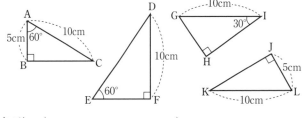

三角形　(　　　　　　　　　　　)

合同条件(　　　　　　　　　　　　　　)

三角形　(　　　　　　　　　　　)

合同条件(　　　　　　　　　　　　　　)

■ 二等辺三角形

定義
２つの辺が等しい三角形。

性質
① ２つの底角は等しい。
② 頂角の二等分線は，底辺を垂直に２等分する。

① 頂角　底辺　底角
②

二等辺三角形になるための条件
２つの角が等しい三角形は二等辺三角形である。

正三角形
３つの辺が等しい三角形。

■ 逆

| p | ならば | q |
逆
| q | ならば | p |

例　「正三角形ならば，３つの角は等しい。」の逆は，
「三角形の３つの角が等しいならば，正三角形である。」

反例
あることがらが成り立たない例。

■ 直角三角形の合同条件

① 斜辺と１つの鋭角がそれぞれ等しい。

② 斜辺と他の１辺がそれぞれ等しい。

■ 平行四辺形

4 次の四角形は，いずれも平行四辺形である。∠xの大きさとyの値を求めなさい。

(1)
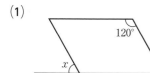
120°
x

(2)
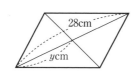
28cm
$y$cm

(   )   (   )

5 次の四角形ABCDは，平行四辺形であるといえますか。いえるものには○を，いえないものには×を書きなさい。

(1) AB∥DC, AB＝5cm, BC＝5cm

(   )

(2) ∠A＝50°, ∠B＝130°, ∠C＝50°, ∠D＝130°

(   )

6 平行四辺形ABCDに，次の(1)～(3)の性質を加えたら，長方形，ひし形，正方形のどれになりますか。

(1) AB＝BC

(   )

(2) ∠A＝∠B

(   )

(3) AC＝BD, AC⊥BD

(   )

■ 平行線と面積

7 右の図の△ABCで，DE∥BCのとき，(1), (2)の三角形と面積の等しい三角形を答えなさい。

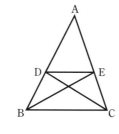
A
D   E
B   C

(1) △DBE

(   )

(2) △ADC

(   )

1日目 2日目 3日目 4日目 5日目 6日目 7日目 8日目 9日目 10日目

■ 平行四辺形

定義
2組の対辺がそれぞれ平行な四角形。

性質
① 2組の対辺はそれぞれ等しい。
② 2組の対角はそれぞれ等しい。
③ 対角線はそれぞれの中点で交わる。

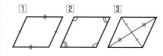
① ② ③

平行四辺形になるための条件
① 2組の対辺がそれぞれ平行である（定義）。
② 2組の対辺がそれぞれ等しい。
③ 2組の対角がそれぞれ等しい。
④ 対角線がそれぞれの中点で交わる。
⑤ 1組の対辺が平行でその長さが等しい。

特別な平行四辺形
長方形…4つの角がすべて直角である四角形。
    対角線の長さは等しい。
ひし形…4つの辺がすべて等しい四角形。
    対角線は垂直に交わる。
正方形…4つの角がすべて直角で，4つの辺がすべて等しい四角形。
    対角線の長さは等しく，垂直に交わる。

平行四辺形
ひし形   長方形
正方形

■ 平行線と面積

下の図で，PQ∥ABのとき，
△APB＝△AQB

P   Q
A   B

7(2) △ADC＝△ADE＋△DCE
と考える。

三角形と四角形

基礎力確認テスト

解答 ➡ 別冊解答 10 ページ

1 右の図のように，∠B = 90°である直角三角形ABCが
ある。DA = DB = BCとなるような点Dが辺AC上にあ
るとき，∠xの大きさを求めなさい。〈富山〉[10点]

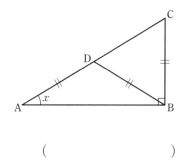

(　　　　　　　)

2 右の図のように，線分ABがある。線分ABを斜辺と
する直角二等辺三角形をコンパスと定規を使って
1つ作図しなさい。ただし，作図するためにかい
た線は，消さないでおきなさい。〈埼玉〉[20点]

3 右の図のように，平行四辺形ABCDの辺BC上にAB = AEと
なるように点Eをとる。∠BCD = 115°のとき，∠xの大きさ
を求めなさい。〈大分〉[10点]

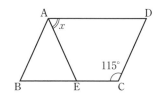

(　　　　　　　)

4 右の図で，平行四辺形ABCDの∠A，∠Dの二等分線と辺BC
との交点をそれぞれE，Fとする。AB = 6.5cm，AD = 10cm
のとき，EFの長さを求めなさい。〈長野〉[10点]

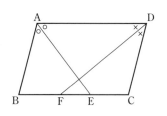

(　　　　　　　)

5 次の①〜④のことがらの中から逆が正しいものをすべて選び，番号を書きなさい。

〈佐賀〉[15点]

① 整数a，bで，aもbも偶数ならば，abは偶数である。

② △ABCで，AB＝ACならば，∠B＝∠Cである。

③ 2つの直線ℓ，mに別の1つの直線が交わるとき，ℓとmが平行ならば，同位角は等しい。

④ 四角形ABCDがひし形ならば，対角線ACとBDは垂直に交わる。

（　　　　　　　　　）

6 右の図のように，長方形ABCDが，折れ線EFGを境界として2つに分かれている。辺BC上に点Pをとり，点Eを通る線分EPを新しい境界としてひきなおす。もとの五角形ABGFEと，境界をひきなおしてできる四角形ABPEの面積が等しくなるように，線分EPをひきなさい。〈山口・改〉[15点]

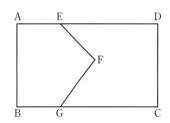

7 右の図は，長方形の紙ABCDを，辺AB，CDがそれぞれ対角線BDと重なるように折り返したところを示したものである。
このときできた辺AD，BC上の折り目の端の点をそれぞれE，Fとし，頂点A，Cが対角線BDと重なった点をそれぞれG，Hとするとき，四角形EBFDは平行四辺形であることを証明しなさい。〈新潟・改〉[20点]

（証明）

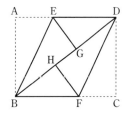

データの活用，確率

基礎問題

解答 ➜ 別冊解答 11 ページ

■ データの活用

1 下の表は，あるクラスの男子の50m走の記録を調べ，度数分布表にまとめたものである。

階級(秒)	度数(人)	相対度数	累積度数(人)	累積相対度数
以上　　未満				
6.0〜 7.0	3	0.15	3	0.15
7.0〜 8.0	6	0.30	9	ウ
8.0〜 9.0	7	0.35	イ	0.80
9.0〜10.0	4	ア	20	1.00
合計	20	1.00		

(1) 上の表の**ア**の相対度数を求めなさい。

（　　　　　）

(2) 上の表の**イ**の累積度数を求めなさい。

（　　　　　）

(3) 上の表の**ウ**の累積相対度数を求めなさい。

（　　　　　）

■ 四分位範囲と箱ひげ図

2 次のデータについて，第1四分位数と第3四分位数をそれぞれ求めなさい。

3　5　7　9　10　11　13　15　19

第1四分位数（　　　　　）

第3四分位数（　　　　　）

3 右の図は，あるクラスの生徒30人の英語と数学のテストの得点を箱ひげ図に表したものである。データの散らばりが大きいテストはどちらのテストですか。

（　　　　　）

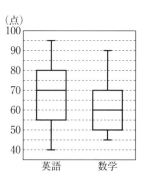

■ データの活用

相対度数

$$（相対度数）＝\frac{（その階級の度数）}{（度数の合計）}$$

累積度数…最初の階級からある階級までの度数を合計したもの。

累積相対度数…最初の階級からある階級までの相対度数を合計したもの。

範囲と代表値

範囲…最大の値から最小の値をひいた値。

平均値(度数分布表から求める場合)

$$（平均値）＝\frac{\{（階級値）×（度数）の合計\}}{（度数の合計）}$$

中央値(メジアン)…データを大きさの順に並べたときの中央の値。

最頻値(モード)…データの中で，もっとも多く出てくる値。

■ 四分位範囲と箱ひげ図

四分位数…すべてのデータを小さい順に並べ，四等分したときの3つの区切りの値。

　第1四分位数…値の小さい方のデータの中央値。

　第2四分位数…中央値。

　第3四分位数…値の大きい方のデータの中央値。

四分位範囲…第3四分位数から第1四分位数をひいた値。

箱ひげ図…データの分布のようすを，長方形の箱とひげを用いて1つの図に表したもの。

四分位範囲は，データの中に，はなれた値があっても影響を受けにくい。

■ 確率の求め方

4 大小2つのさいころを同時に投げる。

(1) 目の出方は全部で何通りありますか。

（　　　　　　　　）

(2) 出る目の数が等しくなる確率を求めなさい。

（　　　　　　　　）

(3) 出る目の数の和が6になる確率を求めなさい。

（　　　　　　　　）

(4) 出る目の数の和が6にならない確率を求めなさい。

（　　　　　　　　）

5 1枚の硬貨を3回投げる。右の樹形図は，そのときの硬貨の表と裏の出方を表したものである。次の確率を求めなさい。

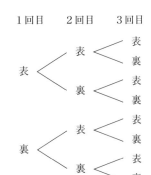

(1) 3回とも裏が出る確率

（　　　　　　）

(2) 少なくとも1回は表が出る確率

（　　　　　　　　）

6 袋の中に，赤玉が2個，白玉が3個入っている。同時に2個取り出すとき，次の確率を求めなさい。

(1) 2個とも白玉が出る確率

（　　　　　　　　）

(2) 赤玉と白玉が1個ずつ出る確率

（　　　　　　　　）

■ 確率の求め方

確率の求め方

起こりうる場合が全部でn通りあり，そのうち，ことがらAの起こる場合がa通りあるとき，ことがらAの起こる確率をpとすると，

$$p = \frac{a}{n}$$

確率pの範囲　⇒　$0 \leqq p \leqq 1$
かならず起こる確率は1
決して起こらない確率は0
ことがらAの起こらない確率
　⇒　$1-p$

4(3)(4)　大小2つのさいころを同時に投げるとき，出る目の数の和を表に表すと，

大＼小	1	2	3	4	5	6
1	2	3	4	5	6	7
2	3	4	5	6	7	8
3	4	5	6	7	8	9
4	5	6	7	8	9	10
5	6	7	8	9	10	11
6	7	8	9	10	11	12

5(2)　「少なくとも1回は表が出る確率」
⇒「表が1回出る確率」
＋「表が2回出る確率」
＋「表が3回出る確率」
⇒1−「3回とも裏が出る確率」

注意! 樹形図のかき方
6　赤玉を赤$_1$，赤$_2$，白玉を白$_1$，白$_2$，白$_3$とする。
　このとき，「赤$_1$と赤$_2$」を取り出すことと「赤$_2$と赤$_1$」を取り出すことは同じである。このことに注意して樹形図に表す。

1日目
2日目
3日目
4日目
5日目
6日目
7日目
8日目
9日目
10日目

データの活用，確率

基礎力確認テスト

1 生徒15人について，1年間に図書館から借りた本の冊数を調べると，下のようになった。このとき，次の問いに答えなさい。〈佐賀〉[10点×2]

20，27，7，11，15，23，38，17，27，5，78，11，7，7，28

(1) 生徒15人が借りた本の冊数について，右の度数分布表に整理するとき，xにあてはまる数を求めなさい。

（ 　　　　　　 ）

(2) 生徒15人が借りた本の冊数の中央値は，どの階級に入っているか，求めなさい。

（ 　　　　　　 ）

借りた本の冊数

冊数（冊）	度数（人）
以上　　未満 70 ～ 80	
60 ～ 70	
50 ～ 60	
40 ～ 50	
30 ～ 40	
20 ～ 30	x
10 ～ 20	
0 ～ 10	
計	15

2 右の図は，ある中学校の生徒30人の長座体前屈の記録をヒストグラムに表したものである。このとき，階級値をもとに，長座体前屈の記録の平均値を小数第2位を四捨五入して，小数第1位まで答えなさい。

〈新潟改〉[10点]

（ 　　　　　　 ）

3 右の度数分布表は，ある中学校の1年生女子40人の立ち幅跳びの記録をまとめたものである。度数が最も多い階級の相対度数を求めなさい。〈栃木〉[10点]

階級（cm）	度数（人）
以上　　未満 110 ～ 130	3
130 ～ 150	12
150 ～ 170	9
170 ～ 190	10
190 ～ 210	6
計	40

（ 　　　　　　 ）

4 A，B，Cの3人で1回じゃんけんをするとき，Aだけが勝つ確率を求めなさい。

〈富山〉[10点]

（　　　　　　　　）

5 大小2つのさいころを同時に投げるとき，次の問いに答えなさい。〈佐賀〉[10点×3]
(1) 出る目の数の和が5になる確率を求めなさい。

（　　　　　　　　）

(2) 出る目の数の積が奇数になる確率を求めなさい。

（　　　　　　　　）

(3) 少なくとも1つは2の目が出る確率を求めなさい。

（　　　　　　　　）

6 500円，100円，50円，10円の硬貨が1枚ずつある。この4枚を同時に投げるとき，表が出た硬貨の合計金額が，500円以下になる確率を求めなさい。ただし，これらの硬貨を投げるときの表，裏の出方は，同様に確からしいとする。〈宮崎〉[10点]

（　　　　　　　　）

7 右の図のように，1，2，3，4，5，6の数字が1つずつ書かれた6枚のカードがある。このカードをよくきってから1枚のカードをひき，そのカードの数字を十の位の数とし，続けて残り5枚のカードから1枚のカードをひき，そのカードの数字を一の位の数として2けたの整数をつくる。
このとき，この整数が9の倍数になる確率を求めなさい。〈茨城〉[10点]

| 1 | 2 | 3 | 4 | 5 | 6 |

（　　　　　　　　）

第1回　総復習テスト

時間……60分　　　　　　　　解答➲別冊解答12ページ

1 次の計算をしなさい。[4点×6]

(1) $-3-(-2)+7$ 〈山形〉

(2) $-7+8\times\left(-\dfrac{1}{4}\right)$ 〈東京〉

(　　　　　　)　　　　　　(　　　　　　)

(3) $9x-13+7(4x+3)$ 〈熊本〉

(4) $\dfrac{6x-2}{3}-(2x-5)$ 〈愛知〉

(　　　　　　)　　　　　　(　　　　　　)

(5) $7x^2-4x-x^2+9x$ 〈高知〉

(6) $2(a+4b)-(-3a+7b)$ 〈宮崎〉

(　　　　　　)　　　　　　(　　　　　　)

2 次の問いに答えなさい。[4点×5]

(1) 1個 a kgの荷物2個と1個3kgの荷物6個がある。この8個の荷物の平均の重さは b kgである。a を b の式で表しなさい。〈愛知〉

(　　　　　　)

(2) $x=3$，$y=-1$ のとき，$2x^2+y^3$ の値を求めなさい。〈長崎〉

(　　　　　　)

(3) 等式 $y=2-\dfrac{x}{3}$ を x について解きなさい。〈香川〉

(　　　　　　)

(4) y は x に反比例し，$x=2$ のとき，$y=-6$ である。$x=-3$ のときの y の値を求めなさい。

〈福島〉

(　　　　　　)

(5) 右の図のような，直方体ABCD－EFGHがある。この直方体のすべての辺のうち，直線CGとねじれの位置にある辺は全部で何本ありますか。〈岡山〉

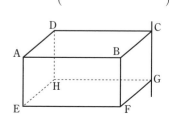

(　　　　　　)

3 あるクラスで募金を行ったところ，募金箱の中には，5円硬貨と1円硬貨は合わせて36枚入っていた。募金箱の中に入っていた5円硬貨と1円硬貨の合計金額をa円とするとき，aは4の倍数になることを，5円硬貨の枚数をb枚として証明しなさい。〈栃木〉[5点]

（証明）

4 ある中学校の生徒数はa人で，そのうちの35%の生徒が自転車通学をしている。自転車通学の生徒数が49人であるとき，aの値を求めなさい。〈三重〉[5点]

（　　　　　　　　　）

5 座席総数を400席として，野外コンサートを行うことを企画した。下の表は，チケットの販売区分と，チケット1枚あたりの販売価格を示したものである。座席総数の400枚のチケットが完売したとき，売り上げの合計金額は152000円であった。

このとき，チケットの販売枚数について，次の問いに答えなさい。〈鳥取〉[4点×2]

表

チケットの販売区分	一般	中学生以下
チケット1枚あたりの販売価格(円)	500	300

(1) 一般の販売枚数をx枚，中学生以下の販売枚数をy枚として，連立方程式をつくりなさい。

$$\left\{ \right.$$

(2) 一般，中学生以下の販売枚数をそれぞれ求めなさい。

一般（　　　　　　　　　）　中学生以下（　　　　　　　　　）

6 水が640L入る水そうがある。この水そうに，2本の給水
管A，Bを同時に使って水を入れていたが，水を入れ始め
てから8分後に給水管Bを止め，その後は給水管Aだけを
使って水を入れたところ，水を入れ始めてから24分で満
水になった。右のグラフは，水を入れ始めてからx分後の
水そうの水の量をyLとして，x，yの関係をグラフに表し
たものである。このとき，次の問いに答えなさい。〈高知〉[4点×2]

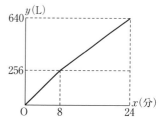

(1) xの変域が$8≦x≦24$のとき，yをxの式で表しなさい。

(   )

(2) 水そうの水の量が480Lになったのは，水を入れ始めてから何分何秒後ですか。

(   )

7 右の図のような△ABCがある。
辺BCを底辺とするとき，高さを示す線分APを，
コンパスと定規を使って作図しなさい。作図に用
いた線は消さずに残しておくこと。〈宮崎〉[5点]

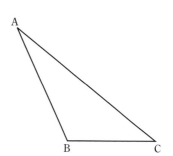

8 右の図は円錐の展開図で，底面の円の半径が3cm，側面のおう
ぎ形の半径が8cmである。側面のおうぎ形の中心角を求めな
さい。〈京都〉[5点]

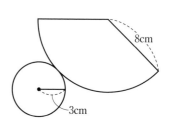

(   )

44

9 右の図のように，長方形ABCDを対角線ACを折り目として折り返し，頂点Bが移った点をEとする。∠ACE＝20°のとき，∠xの大きさを求めなさい。〈和歌山〉[5点]

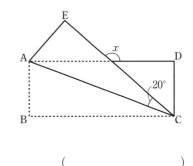

( )

10 右の図のように，正方形ABCDの辺BC上に点Bと異なる点Eをとる。点Bから線分AEに垂線BFをひき，BFの延長と辺CDとの交点をGとする。このとき，△ABE≡△BCGであることを証明しなさい。〈岩手〉[5点]

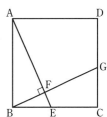

（証明）

11 右の表は，ある学級のハンドボール投げの記録を度数分布表に整理したものである。度数が最も多い階級の相対度数を求めなさい。〈広島〉[5点]

階級(m)	度数(人)
以上　　未満	
10 ～ 15	2
15 ～ 20	5
20 ～ 25	7
25 ～ 30	4
30 ～ 35	1
35 ～ 40	1
計	20

( )

12 大小2つのさいころを同時に1回投げるとき，出る目の数の和が7以上になる確率と出る目の数の和が偶数になる確率について，次の①～③の中から正しいものを1つ選び，その番号を書きなさい。〈佐賀〉[5点]

① 出る目の数の和が7以上になる確率の方が，出る目の数の和が偶数になる確率よりも大きい。

② 出る目の数の和が7以上になる確率の方が，出る目の数の和が偶数になる確率よりも小さい。

③ 出る目の数の和が7以上になる確率と出る目の数の和が偶数になる確率は等しい。

( )

1 次の計算をしなさい。[6点×4]

(1) $18 \div (-6) + (-5)^2$　〈大阪〉

(2) $\dfrac{3x-5}{4} - \dfrac{x-7}{2}$　〈京都〉

(　　　　　　　　)　　　　　　(　　　　　　　　)

(3) $6(x+3y) + 5(2x-y)$　〈広島〉

(4) $7ab \div 2a^2 \times (-4b)$　〈高知〉

(　　　　　　　　)　　　　　　(　　　　　　　　)

2 次の問いに答えなさい。[7点×3]

(1) xとyについての連立方程式 $\begin{cases} 2ax - by = 5 \\ ax - 4by = -1 \end{cases}$ の解が，$x=3$，$y=-1$であるとき，a，bの値を求めなさい。〈長野〉

(　　　　　　　　　　)

(2) yはxの1次関数であり，$x=-2$のとき$y=9$，$x=1$のとき$y=3$である。このとき，yをxの式で表しなさい。〈高知〉

(　　　　　　　　　　)

(3) 右の図で，△ABCが正三角形で，$\ell // m$のとき，$\angle x$の大きさを求めなさい。〈岩手〉

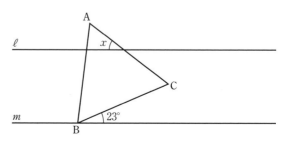

(　　　　　　　　　　)

3 右の図のように，1辺2cmの正方形の紙を，右と上に1cmずつずらしながら重ねた。このときにできる図形を太い線で囲む。正方形の紙を25枚重ねたときにできる，太い線で囲まれた図形の面積を求めなさい。〈長野〉[7点]

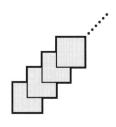

(   )

4 太郎さんは1日の野菜摂取量の目標値の半分である175gのサラダを作った。このサラダの材料は，大根，レタス，赤ピーマンだけであり，入っていた赤ピー

	100g当たりのエネルギー(kcal)
大　　根	18
レ タ ス	12
赤ピーマン	30

マンの分量は50gであった。また，上の表をもとに，このサラダに含まれるエネルギーの合計を求めると33kcalであった。このサラダに入っていた大根とレタスの分量は，それぞれ何gか求めなさい。ただし，用いる文字が何を表すかを最初に書いてから連立方程式をつくり，答えを求める過程も書くこと。〈愛媛〉[7点]

大根の分量(   )
レタスの分量(   )

5 右の図のように，関数 $y = -x + 8$……① のグラフがある。①のグラフと x 軸，y 軸との交点をそれぞれA，Bとする。x 軸上に点C(-6, 0)を，線分AB上に点Pをとり，線分CPと y 軸との交点をQとする。点Oは原点とする。
△BPQ ＝ △COQ となるとき，点Pの座標を求めなさい。〈北海道〉[7点]

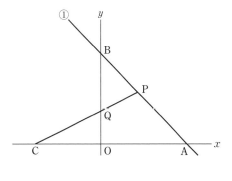

(   )

6 右の図のように，AB ＝ 3cm，BC ＝ 4cm，∠B ＝ 90° の直角三角形ABCがある。この直角三角形ABCを，直線ABを軸として1回転させてできる円錐の体積は，直線BCを軸として1回転させてできる円錐の体積の何倍になるか，求めなさい。〈徳島〉[7点]

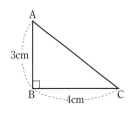

(   )

7 右の図のように，平行四辺形ABCDの対角線の交点Oを通る直線と辺AD，BCとの交点をそれぞれP，Qとする。このとき，AP＝CQであることを証明しなさい。〈栃木〉[7点]

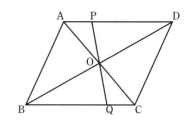

（証明）

8 右の表は，A中学校の生徒39人とB中学校の生徒100人の通学時間を調べ，度数分布表に整理したものである。この度数分布表について述べた文として正しいものを，次のア〜エの中からすべて選び，記号で答えなさい。

〈岐阜〉[6点]

通学時間 （分）	A中学校 （人）	B中学校 （人）
以上　　未満 0 〜 5	0	4
5 〜 10	6	10
10 〜 15	7	16
15 〜 20	8	21
20 〜 25	9	18
25 〜 30	5	15
30 〜 35	4	10
35 〜 40	0	6
計	39	100

ア　A中学校とB中学校の，通学時間の最頻値は同じである。

イ　A中学校とB中学校の，通学時間の中央値は同じ階級にある。

ウ　A中学校よりB中学校の方が，通学時間が15分未満の生徒の相対度数が大きい。

エ　A中学校よりB中学校の方が，通学時間の範囲が大きい。

（　　　　　　　　　）

9 右の図のように，袋の中に1，2，3，4の数字が1つずつ書かれた4個の白玉と，5，6の数字が1つずつ書かれた2個の黒玉が入っている。このとき，次の問いに答えなさい。〈三重〉[7点×2]

(1)　この袋から同時に2個の玉を取り出すとき，取り出した玉が2個とも白玉となる確率を求めなさい。

（　　　　　　　　　）

(2)　この袋から同時に2個の玉を取り出すとき，取り出した玉に書かれた数の和が6以上となる確率を求めなさい。

（　　　　　　　　　）

中学1・2年の総復習 数学　三訂版

とりはずして使用できる！ 別冊解答

実力チェック表

「基礎力確認テスト」「総復習テスト」の答え合わせをしたら，自分の得点をぬってみましょう。ニガテな単元がひとめでわかります。75点未満の単元は復習しましょう。復習後は，最終ページの「受験合格への道」で受験までにやることを確認しましょう。

1日目 正負の数
0　10　20　30　40　50　60　70　80　90　100(点)　復習日　月　日

2日目 文字と式，式の計算
0　10　20　30　40　50　60　70　80　90　100(点)　復習日　月　日

3日目 方程式
0　10　20　30　40　50　60　70　80　90　100(点)　復習日　月　日

4日目 連立方程式
0　10　20　30　40　50　60　70　80　90　100(点)　復習日　月　日

5日目 比例と反比例
0　10　20　30　40　50　60　70　80　90　100(点)　復習日　月　日

6日目 1次関数
0　10　20　30　40　50　60　70　80　90　100(点)　復習日　月　日

7日目 平面図形，空間図形
0　10　20　30　40　50　60　70　80　90　100(点)　復習日　月　日

8日目 平行と合同
0　10　20　30　40　50　60　70　80　90　100(点)　復習日　月　日

9日目 三角形と四角形
0　10　20　30　40　50　60　70　80　90　100(点)　復習日　月　日

10日目 データの活用，確率
0　10　20　30　40　50　60　70　80　90　100(点)　復習日　月　日

第1回 総復習テスト
0　10　20　30　40　50　60　70　80　90　100(点)　復習日　月　日

第2回 総復習テスト
0　10　20　30　40　50　60　70　80　90　100(点)　復習日　月　日

①50点未満だった単元
→理解が十分でないところがあります。教科書やワーク，参考書などのまとめのページをもう一度読み直してみましょう。何につまずいているのかを確認し，克服しておくことが大切です。

②50〜74点だった単元
→基礎は身についているようです。理解していなかった言葉や間違えた問題については，「基礎問題」のまとめのコーナーや解答解説をよく読み，正しく理解しておくようにしましょう。

③75〜100点だった単元
→よく理解できています。さらに難しい問題や応用問題にも挑戦して，得意分野にしてしまいましょう。高校入試問題に挑戦してみるのもおすすめです。

1 正負の数

→ 問題2ページ

基礎問題 解答

1 (1) ＋10 (2) －8

2

(3)　　　(1)　　　(4)　(2)

$$-4 \quad -3 \quad -2 \quad -1 \quad 0 \quad 1 \quad 2 \quad 3 \quad 4$$

(1) 1 (2) 3 (3) $\dfrac{7}{2}$ (4) 1.5

3 (1) $-9>-14$（または，$-14<-9$） (2) $-8<0<+6$（または，$+6>0>-8$）

4 (1) －10 (2) ＋4 (3) －9 (4) 0 (5) －9 (6) ＋7

5 (1) 2 (2) 6 (3) －1 (4) 30

6 (1) 36 (2) －39 (3) －900 (4) －16 (5) －7 (6) $\dfrac{3}{2}$

7 (1) 12 (2) －60

8 (1) －18 (2) －6 (3) 25 (4) －47 **9** (1) 2×3 (2) $2^2\times5$

基礎力確認テスト 解答・解説

→ 問題4ページ

1 7個 **2** (ウ)，(ア)，(イ)，(エ) **3** 8個

4 (1) －1 (2) 7 (3) 6 (4) －11 (5) $-\dfrac{7}{30}$ (6) $\dfrac{3}{14}$ (7) $\dfrac{1}{18}$

5 (1) －1 (2) $\dfrac{5}{2}$ (3) $-\dfrac{2}{3}$ (4) $-\dfrac{3}{2}$ (5) $-\dfrac{3}{7}$ (6) $-\dfrac{2}{7}$

6 (1) $-\dfrac{3}{5}$ (2) 18 (3) 1 (4) $\dfrac{8}{3}$ **7** イ **8** 156cm

1 $\dfrac{14}{3}=4.6\cdots$ より，$-2.7<x<\dfrac{14}{3}$ をみたす整数は，

-2，-1，0，1，2，3，4の7個。

2 (ア) $\left(-\dfrac{3}{5}\right)^2=\dfrac{9}{25}$ (イ) $\dfrac{3^2}{5}=\dfrac{9}{5}$

(ウ) $-\dfrac{3^2}{5}=-\dfrac{9}{5}$ (エ) $\left(-\dfrac{5}{3}\right)^2=\dfrac{25}{9}$

3 $\dfrac{2^2\times5\times101}{n}$ が偶数となる自然数nは，1，2，5，

2×5，101，2×101，5×101，$2\times5\times101$の

8個。

4 (5) （与式）$=\dfrac{20}{30}-\dfrac{27}{30}=-\dfrac{7}{30}$

(6) （与式）$=-\dfrac{4}{14}+\dfrac{7}{14}=\dfrac{3}{14}$

(7) （与式）$=\dfrac{16}{18}-\dfrac{27}{18}+\dfrac{12}{18}=\dfrac{1}{18}$

5 (3) （与式）$=\dfrac{10}{3}\times\left(-\dfrac{1}{5}\right)=-\dfrac{2}{3}$

(4) （与式）$=-\dfrac{2}{3}\times\dfrac{9}{4}=-\dfrac{3}{2}$

(5) （与式）$=5\times\left(-\dfrac{1}{15}\right)\times\dfrac{9}{7}$

$=-\dfrac{5\times1\times9}{15\times7}=-\dfrac{3}{7}$

(6) （与式）$=\dfrac{3}{2}\times\left(-\dfrac{4}{3}\right)\times\dfrac{1}{7}=-\dfrac{3\times4\times1}{2\times3\times7}=-\dfrac{2}{7}$

6 (1) （与式）$=-\dfrac{7}{5}+\dfrac{4}{5}=-\dfrac{3}{5}$

(2) （与式）$=6-3\times(-4)=6+12=18$

(3) （与式）$=-7+16\div2=-7+8=1$

(4) （与式）$=4+\left(-\dfrac{3}{2}\right)\div\dfrac{9}{8}$

$=4+\left(-\dfrac{3}{2}\right)\times\dfrac{8}{9}=4-\dfrac{4}{3}=\dfrac{8}{3}$

7 ア…aの絶対値がbの絶対値より小さいとき，
$a+b$の計算の結果は負の数になる。
ウ，エ…2つの数が異符号のとき，2つの数の
積・商はともに負の数になる。

8 6人の生徒のそれぞれの身長から，
160cmをひいた値の合計は，
$(161.5-160)\times6=9\,(\mathrm{cm})$
表の生徒Fの値は，
$9-\{(+8)+(-2)+(+5)+0+(+2)\}$
$=9-13=-4$
生徒Fの身長は，$160+(-4)=156\,(\mathrm{cm})$

基礎問題 解答

→ 問題6ページ

1 (1) $-3xy$　(2) $\dfrac{a-b}{2}$　**2** (1) $-5 \times a \times a$　(2) $2 \times (x+y) - z \div 3$
（または，$2 \times (x+y) - z \times \dfrac{1}{3}$）

3 (1) $(120x+80y)$円　(2) $\dfrac{a}{4}$時間

4 (1) $-17a+2$　(2) $x+11$　(3) $-14x$　(4) $4a$　(5) $-8a+36$　(6) $-7x-3$

5 (1) $1000-5a=b$　(2) $30>2x$

6 (1) $-3x+3y$　(2) $5a^2-6a$　(3) $4x+2y$　(4) $-10a-10b$

7 (1) $-20a^2b$　(2) $21y$　(3) $-42ab^2$　(4) $\dfrac{2x^2}{y}$

8 (1) -23　(2) -18　**9** (1) $h=\dfrac{S}{4a}$　(2) $b=\dfrac{8-a}{5}$

基礎力確認テスト 解答・解説

→ 問題8ページ

1 イ，エ　**2** 表面積

3 (1) $\dfrac{23}{20}a$　(2) $\dfrac{7a+3}{2}$　(3) $5x-6$　(4) $7x-31$　(5) $\dfrac{2}{9}x$　(6) $\dfrac{9}{10}x+\dfrac{7}{10}$

4 $5x+3y<40$　**5** (1) $3a-b$　(2) $6a-13b$　(3) $7a+b$　(4) $\dfrac{3x-y}{4}$

6 (1) $8a^2b$　(2) $8b$　(3) $-2ab^3$　(4) $15ab$　(5) $-2xy^2$　(6) $-4x$

7 4　**8** (1) $b=\dfrac{4m-a}{3}$　(2) $y=\dfrac{-3x+2}{5}$　**9** $5(n-1)$個（または，$(5n-5)$個）

1 ア　$a-2 \times b = a-2b$
　 イ　$a+b \times 2 = a+2b$
　ウ　$a \times 2 + b \times 1 = 2a+b$
　エ　$a+b \times 2 = a+2b$
　したがって，**イとエ**

2 a, b の2辺をふくむ面を底面とみると，$2ab$ は2つの底面積，$2bc+2ca$ は側面積を表している。したがって，表面積。

3 (3) （与式）$= 6x-10-x+4 = 5x-6$
　(4) （与式）$= 3x-21+4x-10 = 7x-31$
　(5) （与式）$= \dfrac{5}{9}x + \dfrac{2}{3} - \dfrac{1}{3}x - \dfrac{2}{3}$
　　　　$= \dfrac{5}{9}x - \dfrac{3}{9}x = \dfrac{2}{9}x$
　(6) （与式）$= \dfrac{7}{5}x - \dfrac{4}{5} - \dfrac{1}{2}x + \dfrac{3}{2}$
　　　　$= \dfrac{14}{10}x - \dfrac{5}{10}x - \dfrac{8}{10} + \dfrac{15}{10} = \dfrac{9}{10}x + \dfrac{7}{10}$

4 重さの合計は，$x \times 5 + y \times 3 = 5x+3y$ (kg)
　これが40kg未満だから，$5x+3y<40$

5 (3) （与式）$= 9a-3b-2a+4b = 7a+b$
　(4) （与式）$= \dfrac{5x+y-2x-2y}{4} = \dfrac{3x-y}{4}$

6 (3) （与式）$= 4 \times \left(-\dfrac{1}{2}\right) \times a \times b^2 \times b$

　　　　$= -2ab^3$
　(4) （与式）$= 6a^2b \times \dfrac{5}{2a} = 15ab$
　(5) （与式）$= 8x^2y \times \dfrac{y}{2} \times \left(-\dfrac{1}{2x}\right)$
　　　　$= -\dfrac{8x^2y \times y}{2 \times 2x} = -2xy^2$
　(6) （与式）$= -\dfrac{24x^2y}{3y \times 2x} = -4x$

7 （与式）$= -\dfrac{6xy \times 12x^2y}{4x^2} = -18xy^2$
　$x=-2$, $y=\dfrac{1}{3}$ を代入すると，
　$-18 \times (-2) \times \left(\dfrac{1}{3}\right)^2 = 4$

8 (1)　$m = \dfrac{a+3b}{4}$
　　　$4m = a+3b$
　　　$3b = 4m-a$
　　　$b = \dfrac{4m-a}{3}$
　(2)　$3x+5y-2=0$
　　　$5y = -3x+2$
　　　$y = \dfrac{-3x+2}{5}$

9 右の図のように，それぞれの辺は頂点を共有するので，1辺に並べる碁石の数を $(n-1)$個と考えると，$(n-1) \times 5$(個) となる。

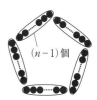
$(n-1)$個

基礎問題 解答

→ 問題10ページ

❶ イ，ウ ❷ (1) $x=12$ (2) $x=8$ (3) $x=-9$ (4) $x=24$

❸ (1) $x=7$ (2) $x=-8$ (3) $x=2$ (4) $x=12$ (5) $x=1$ (6) $x=4$

❹ (1) $x=2$ (2) $x=-3$ (3) $x=5$ (4) $x=-5$ (5) $x=18$ (6) $x=-1$

❺ $a=2$ ❻ 120円 ❼ (1) $x=6$ (2) $x=4$ (3) $x=9$ (4) $x=4$

基礎力確認テスト 解答・解説

→ 問題12ページ

❶ (1) $x=-3$ (2) $x=-2$ (3) $x=3$ (4) $x=\dfrac{5}{6}$

❷ (1) $x=6$ (2) $x=5$ (3) $x=-6$ (4) $x=\dfrac{3}{2}$ (5) $x=4$ (6) $x=-2$

❸ (1) $a=7$ (2) $a=-2$ ❹ $x=6$ ❺ 11 ❻ 鉛筆…9本，ボールペン…6本

❼ 38人 ❽ $x=700$ ❾ 歩いた時間…15分，走った時間…5分 ❿ 60cm

---

❶ (1) $x-5=3x+1$ $-2x=6$ $x=-3$

(2) $x+7=1-2x$ $3x=-6$ $x=-2$

(3) $9x+2=4x+17$ $5x=15$ $x=3$

(4) $x+11=-5x+16$ $6x=5$ $x=\dfrac{5}{6}$

❷ (1) $9x+2=8(x+1)$
$9x+2=8x+8$ $x=6$

(2) $4(2x-5)-3=3x+2$
$8x-20-3=3x+2$ $5x=25$ $x=5$

(3) $x=\dfrac{1}{2}x-3$ $2x=x-6$ $x=-6$

(4) $\dfrac{4x+3}{3}=-2x+6$ $4x+3=-6x+18$
$10x=15$ $x=\dfrac{3}{2}$

(5) $2x-\dfrac{x-1}{3}=7$ $6x-(x-1)=21$

$6x-x+1=21$ $5x=20$ $x=4$

(6) $\dfrac{x+4}{2}=-\dfrac{2x+1}{3}$

$3(x+4)=-2(2x+1)$
$3x+12=-4x-2$ $7x=-14$
$x=-2$

❸ (1) $ax-3(a-2)x=8-4x$ に $x=-2$ を代入して，
$-2a-3(a-2)\times(-2)=8-4\times(-2)$
$-2a+6a-12=8+8$ $4a=28$ $a=7$

(2) $\dfrac{x+a}{3}=2a+1$ に $x=-7$ を代入して，

$\dfrac{-7+a}{3}=2a+1$ $-7+a=6a+3$

$-5a=10$ $a=-2$

---

❹ $(3x+2):(4x-9)=4:3$
$3(3x+2)=4(4x-9)$ $9x+6=16x-36$
$-7x=-42$ $x=6$

❺ $5x+7=7x+5-20$ $-2x=-22$
$x=11$

❻ 鉛筆を x 本とすると，ボールペンは $(15-x)$ 本だから，
$70x+120(15-x)=1350$
$70x+1800-120x=1350$
$-50x=-450$ $x=9$ $15-9=6$（本）
鉛筆は9本，ボールペンは6本となる。

❼ クラスの人数を x 人とすると，
$300x+2600=400x-1200$
$-100x=-3800$ $x=38$
クラスの人数は38人となる。

❽ $\dfrac{20}{100}x=140$ $2x=1400$ $x=700$

❾ 歩いた時間を x 分とすると，走った時間は $(20-x)$ 分だから，
$70x+150(20-x)=1800$
$70x+3000-150x=1800$
$-80x=-1200$ $x=15$ $20-15=5$（分）
歩いた時間は15分，走った時間は5分となる。

❿ 横の長さを x cm とすると，
$45:x=3:4$ $3x=180$ $x=60$
横の長さは60cmとなる。

基礎問題 解答

→ 問題14ページ

1 ウ

2 (1) $x=1$, $y=3$ (2) $x=3$, $y=-2$ (3) $x=2$, $y=-14$ (4) $x=-1$, $y=-2$
(5) $x=-4$, $y=-12$ (6) $x=-1$, $y=2$

3 $x=-3$, $y=4$ **4** $a=5$, $b=3$ **5** (1)① $\dfrac{x}{70}$ ② $\dfrac{y}{140}$

(2) 歩いた道のり…840m，走った道のり…560m

基礎力確認テスト 解答・解説

→ 問題16ページ

1 イ，エ

2 (1) $x=1$, $y=-3$ (2) $x=3$, $y=2$ (3) $x=-1$, $y=5$ (4) $x=-6$, $y=4$

3 $a=3$, $b=-5$ **4** みかん…90円，桃…135円 **5** 32人

6 (1)① $1200+x+y$ ② $8+\dfrac{x}{120}+\dfrac{y}{180}$

(2) A地点からB地点まで…1440m，B地点からゴール地点まで…360m

---

1 ア～エの方程式の左辺に，それぞれ $x=3$，$y=-2$を代入して，
ア （左辺）$=3+(-2)=1$
イ （左辺）$=2\times3-(-2)=8$
ウ （左辺）$=3\times3-2\times(-2)=13$
エ （左辺）$=3+3\times(-2)=-3$
等式が成り立つのは，**イ，エ**

2 (1) $\begin{cases} 3x-y=6 & \cdots① \\ 2x+3y=-7 & \cdots② \end{cases}$
①$\times3+$②より，$11x=11$ $x=1$
$x=1$を①に代入して，$y=-3$

(2) $\begin{cases} 3x+2y=13\cdots① \\ 2x+3y=12\cdots② \end{cases}$ ①$\times2-$②$\times3$より，
$-5y=-10$ $y=2$
$y=2$を①に代入して，$x=3$

(3) $\begin{cases} y=x+6 & \cdots① \\ y=-2x+3\cdots② \end{cases}$ ①を②に代入して，
$x+6=-2x+3$ $x=-1$
$x=-1$を①に代入して，$y=5$

(4) $\begin{cases} \dfrac{x+y}{2}-\dfrac{x}{3}=1\cdots① \\ x+2y=2 \qquad \cdots② \end{cases}$
①$\times6$より，$x+3y=6\cdots③$
②$-$③より，$-y=-4$ $y=4$
$y=4$を②に代入して，$x=-6$

3 $x=4$，$y=b$より，$\begin{cases} 4a+b=7 \\ 4-b=9 \end{cases}$
これを a，bについての連立方程式とみて解く

と，$a=3$，$b=-5$

4 $\begin{cases} 10x+6y=1710\cdots① \\ 6x+10y=1890\cdots② \end{cases}$
①$\times3-$②$\times5$より，$-32y=-4320$ $y=135$
$y=135$を②に代入して，$x=90$
みかん1個は90円，桃1個は135円となる。

5 男子の生徒数を x 人，女子の生徒数を y 人とすると，
$\begin{cases} x+y=180 & \cdots① \\ \dfrac{16}{100}x=\dfrac{20}{100}y\cdots② \end{cases}$
②$\times100$より，$16x=20y$ $4x=5y\cdots③$
①$\times4$より，$4x+4y=720\cdots④$
③を④に代入して，$y=80$
$y=80$を①に代入して，$x=100$
自転車で通学している生徒数は，
$\dfrac{16}{100}\times100+\dfrac{20}{100}\times80=32$(人)

6 (1) 道のりの関係より，
$150\times8+x+y=3000$ $1200+x+y=3000$
時間の関係より，$8+\dfrac{x}{120}+\dfrac{y}{180}=22$

(2) (1)より，$\begin{cases} x+y=1800 & \cdots㋐ \\ \dfrac{x}{120}+\dfrac{y}{180}=14\cdots㋑ \end{cases}$
㋑$\times360$より，$3x+2y=5040\cdots㋒$
㋐$\times2-$㋒より，$-x=-1440$ $x=1440$
$x=1440$を㋐に代入して，$y=360$
A地点からB地点までの道のりは1440m，B地点からゴール地点までの道のりは360mとなる。

基礎問題 解答

➡ 問題18ページ

1 （1） $y=80x$，○ （2） $y=\dfrac{20}{x}$，△ （3） $y=4x$，○

2 （1） $y=3x$ （2） $y=-6$

3 （1） $y=-\dfrac{8}{x}$ （2） $y=1$

4 右の図 **5** （1） $y=3x$ （2） $y=-\dfrac{8}{x}$

6 （1） $y=9x$ （2） 1620g

7 （1） $y=\dfrac{10}{x}$ （2） 毎分5Lの割合

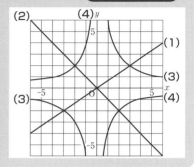

基礎力確認テスト 解答・解説

➡ 問題20ページ

1 比例するもの…イ，反比例するもの…エ

2 （1） $y=-\dfrac{3}{2}x$ （2） $y=9$ （3） $y=\dfrac{3}{x}$ （4） $y=-2$ （5） $a=-12$ （6） $a=\dfrac{2}{3}$

3 $a=7$ **4** （1） $(2,6)$ （2） 12個 **5** （1） $y=\dfrac{1}{20}x$ （2） 80cm²

6 （1） $y=\dfrac{90}{x}$（または，$xy=90$） （2） 6回転

1 ア～エについて，yをxの式で表すと，
ア $y=x^2$ イ $y=90x$
ウ $y=200-x$ エ $y=\dfrac{20}{x}$

2 （1） $y=ax$に$x=6$，$y=-9$を代入すると，
$-9=6a$ $a=-\dfrac{3}{2}$ よって，$y=-\dfrac{3}{2}x$

（2） $y=ax$に$x=2$，$y=-6$を代入すると，
$-6=2a$ $a=-3$ よって，$y=-3x$
$x=-3$のとき，$y=-3\times(-3)=9$

（3） $y=\dfrac{a}{x}$に$x=3$，$y=1$を代入すると，
$1=\dfrac{a}{3}$ $a=3$ よって，$y=\dfrac{3}{x}$

（4） $y=\dfrac{a}{x}$に$x=-6$，$y=5$を代入すると，
$5=-\dfrac{a}{6}$ $a=-30$ よって，$y=-\dfrac{30}{x}$
$x=15$のとき，$y=-\dfrac{30}{15}=-2$

（5） $y=\dfrac{a}{x}$に$x=4$，$y=-3$を代入すると，
$-3=\dfrac{a}{4}$ $a=-12$

（6） $x=-3$のとき$y=2$だから，yをxの式で
表すと，$y=-\dfrac{6}{x}$ この式に$x=-9$，$y=a$を
代入すると，$a=-\dfrac{6}{-9}=\dfrac{2}{3}$

3 点Aのy座標は，$\dfrac{a}{2}$

点Bのy座標は，$-\dfrac{5}{4}\times2=-\dfrac{5}{2}$
AB$=6$より，$\dfrac{a}{2}-\left(-\dfrac{5}{2}\right)=6$
これを解くと，$a=7$

4 （1） $y=\dfrac{12}{x}$に$y=6$を代入すると，
$6=\dfrac{12}{x}$ $x=2$

（2） $xy=12$より，積が12になるような2つ
の整数の組は，$(-12,-1)$，$(-6,-2)$，
$(-4,-3)$，$(-3,-4)$，$(-2,-6)$，
$(-1,-12)$，$(1,12)$，$(2,6)$，$(3,4)$，
$(4,3)$，$(6,2)$，$(12,1)$の12個。

5 （1） 厚紙の重さは面積に比例するので，aを
比例定数とすると，$y=ax$
図1の正方形の面積は$20\times20=400$（cm²）で，
重さは20gだから，$20=400\times a$
$a=\dfrac{1}{20}$ よって，$y=\dfrac{1}{20}x$

（2） $y=\dfrac{1}{20}x$に$y=4$を代入すると，
$4=\dfrac{1}{20}x$ $x=80$

6 （1） 歯車Bの歯の数と1分間の回転数の積は，
歯車Aの歯の数と1分間の回転数の積に等し
いので，$xy=18\times5=90$ よって，$y=\dfrac{90}{x}$

（2） （1）で求めた式に，$x=15$を代入する。

基礎問題 解答

（→ 問題22ページ）

1 ア，イ，エ

2 (1) 変化の割合…2，yの増加量…16 (2) 変化の割合…$-\dfrac{1}{4}$，yの増加量…-2

3 右の図

4 (1) $y=-2x+10$

 (2) $y=-5x-11$

 (3) $y=-\dfrac{1}{2}x+7$

5 (1) $y=-2$

 (2) 右の図

 (3) $\left(-\dfrac{1}{3},\ \dfrac{10}{3}\right)$

6 (1) 10分間 (2) $\dfrac{9}{4}$km

3の図

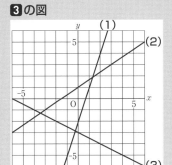

5（2）の図

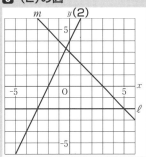

基礎力確認テスト 解答・解説

（→ 問題24ページ）

1 ①，④ **2** (1) 6 (2) 9 (3) $y=\dfrac{1}{3}x+5$ (4) $y=-\dfrac{2}{3}x-2$ (5) $y=-\dfrac{1}{3}x+2$

3 ウ **4** $a=-\dfrac{1}{2}$ **5** $\left(-\dfrac{3}{4},\ \dfrac{5}{2}\right)$ **6** (1) $y=-75x+3000$ (2) 解説参照

1 ①～④について，yをxの式で表すと，

 ① $y=3x$ ② $y=\dfrac{30}{x}$

 ③ $y=\dfrac{5}{3}\pi x^2$ ④ $y=2x+10$

2 (1) $y=3x+1$の変化の割合は3で，

 （yの増加量）＝（変化の割合）×（xの増加量）
 より，$3\times2=6$

 (2) (1)と同様に考えて，$\dfrac{3}{4}\times12=9$

 (3) 求める式を$y=ax+b$とおく。
 表より，xが3増加するとyが1増加するので，

 変化の割合aの値は，$\dfrac{1}{3}$

 また，$x=0$のとき$y=5$なので，$b=5$

 (4) 平行な直線は傾きが等しいから，求める式を

 $y=-\dfrac{2}{3}x+b$とおく。点$(-6,\ 2)$を通るので，

 $x=-6$，$y=2$を代入すると，

 $2=-\dfrac{2}{3}\times(-6)+b$ $b=-2$

 (5) 求める直線の傾きは，$\dfrac{0-2}{6-0}=-\dfrac{1}{3}$

 点$(0,\ 2)$を通るので，切片は2

3 傾きが負，切片が正だから，
 $a<0$，$b>0$

4 点Pは，$y=-\dfrac{6}{x}$のグラフ上にあるので，y座

標は，$y=-\dfrac{6}{-2}=3$

直線$y=ax+2$は点Pを通るので，この式に
$x=-2$，$y=3$を代入する。

5 直線ℓの切片は4で，傾きは，

$\dfrac{4-0}{0-(-2)}=2$

よって，$y=2x+4$
直線mも同様にして，

$y=-\dfrac{2}{3}x+2$

2直線の式を組とした連立方程式

$\begin{cases} y=2x+4 \\ y=-\dfrac{2}{3}x+2 \end{cases}$ を解く。

6 (1) 切片は3000で，グラフの傾きは，

$\dfrac{1500-3000}{20-0}=-75$

 (2) 雨宿り
をしている間
は，道のりは
変わらないの
で，x軸に平
行である。

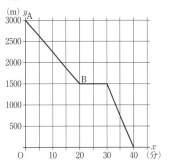

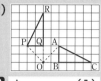

7 平面図形，空間図形

基礎問題 解答

● 問題26ページ

1 右の図
2 右下の図
3 (1) 2πcm　(2) 8πcm²
4 (1) 面ABCD，面EFGH，面ABFE，面DCGH
　(2) 辺BC，辺EH，辺FG
　(3) 辺BF，辺EF，辺CG，辺HG
5 点I，点G　　6 四角錐
7 80πcm²　　8 体積…36πcm³，表面積…36πcm²

1 (1)　(2)

2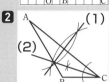
(1)
(2)

基礎力確認テスト 解答・解説

● 問題28ページ

1 右の図　　2 右の図
3 20°
4 3つ
5 イ
6 56πcm²
7 48πcm²
8 4cm
9 $\dfrac{20}{3}$cm³

1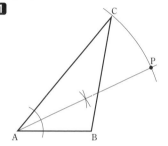

2
ℓ
(2)
(1)

---

1 点Pは，∠CAP＝25°となる位置にあることから，∠CABの二等分線と，点Aを中心とする半径ACの円との交点である。

2 (1) 適当な2本の弦をひく。この2本の弦それぞれの垂直二等分線の交点が点Oである。
(2) 直線OAをひく。点Aを通る直線OAの垂線が直線ℓである。

3 半円Oの中心角は180°
同じ円のおうぎ形の弧の長さは中心角に比例するから，$\overset{\frown}{AC}=\dfrac{2}{9}\overset{\frown}{AB}$より，$\overset{\frown}{CB}=\dfrac{7}{9}\overset{\frown}{AB}$
よって，∠COB$=\dfrac{7}{9}\times180°=140°$
OB＝OCより，
∠OCB＝(180°－140°)÷2＝20°

4 平行でなく交わらない辺がねじれの位置にある辺である。
　平行な辺…辺BC
　交わる辺…辺BE，辺DE，辺CF，辺DF
よって，ねじれの位置にある辺は，
辺AB，辺AC，辺ADの3つ。

5 立面図が長方形，平面図が三角形のものを選ぶ。
右の図のような三角柱である。

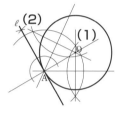

6 底面の半径4cm，母線の長さが10cmの円錐である。
側面積は，
$\pi\times10^2\times\dfrac{2\pi\times4}{2\pi\times10}=40\pi$（cm²）
表面積は，$40\pi+\pi\times4^2=56\pi$（cm²）

7 底面の半径3cm，高さ5cmの円柱ができる。
表面積は，
$5\times(2\pi\times3)+\pi\times3^2\times2=48\pi$（cm²）

8 円柱の高さを$h$cmとする。
球の体積は，$\dfrac{4}{3}\pi\times3^3=36\pi$（cm³）
円柱の体積は，$\pi\times3^2\times h=9\pi h$（cm³）
$9\pi h=36\pi$より，$h=4$

9 三角錐A－HEFの体積は，
$\dfrac{1}{3}\times\left(\dfrac{1}{2}\times2\times2\right)\times2=\dfrac{4}{3}$（cm³）
よって，求める立体の体積は，
$2\times2\times2-\dfrac{4}{3}=\dfrac{20}{3}$（cm³）

8 平行と合同

基礎問題 解答

→ 問題30ページ

1 (1) ∠x=66° (2) ∠x=107° (3) ∠x=66° (4) ∠x=125°

2 (1) ∠x=83° (2) ∠x=35°

3 (1) 1440° (2) 20°

4 (1) △AED≡△BEC
(2) 1組の辺とその両端の角がそれぞれ等しい。

5 辺…BC=EF，角…∠BAC=∠EDF

6 ㋐ AD=AE ㋑ BE=CD ㋒ △ACD
㋓ AD ㋔ 2組の辺とその間の角

基礎力確認テスト 解答・解説

→ 問題32ページ

1 ∠x=130°

2 ∠x=41°

3 ∠x=51°

4 ∠x=93°

5 記号…ア，合同条件…3組の辺がそれぞれ等しい。または，
記号…ウ，合同条件…2組の辺とその間の角がそれぞれ等しい。

6 ア BQ イ QPB ウ 180

---

1 ∠x=180°－50°
　　＝130°

2 平行線の同位角は等しいことと，半直線ADが
∠BACの二等分線であることから，
∠BAD＝∠CAD＝76°－36°＝40°
対頂角は等しいから，
∠ADB＝76°
△ABDにおいて，三角形の内角の和は180°より，
40°＋23°＋∠x＋76°＝180°
　　　　　　　　∠x＝41°

3 右の図で，三角形の
内角と外角の関係
より，
41°＋36°＝77°
24°＋77°＝101°
三角形の内角の和は180°より，
28°＋∠x＋101°＝180°
　　　　　　∠x＝51°

28° 24°
41°＋36°＝77°
24°＋77°＝101°
x
41° 36°

4 多角形の外角の和は360°だから，
頂点Cにおける外角は，
360°－(70°＋105°＋98°)＝87°
よって，∠x＝180°－87°
　　　　　　　＝93°

5 AB＝DE，BC＝EFだから，
AC＝DF，または，∠ABC＝∠DEF
であればよい。
よって，**ア**か**ウ**

6

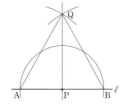

作図をすると，上の図のようになる。
（証明）△QAPと△QBPで，
　　　　PA＝PB　　……①
　　　　PQ＝PQ　　……②
　　　　AQ＝BQ　　……③
①，②，③から，3組の辺がそれぞれ等しい
から，
　　　　△QAP≡△QBP
よって，∠QPA＝∠QPB　……④
④と∠QPA＋∠QPB＝180°から，
∠QPA＝90°
つまり，PQ⊥ℓ

9

基礎問題 解答

→問題34ページ

1 (1) ∠x=80° (2) ∠x=28° (3) ∠x=107°

2 逆…△ABCで，∠Bが鋭角ならば，△ABCは鋭角三角形である。
○または反例…(例)∠A=110°，∠B=40°，∠C=30°のとき，△ABCは鈍角三角形になる。

3 三角形…△GHI，合同条件…直角三角形の斜辺と1つの鋭角がそれぞれ等しい。
　　　　　　　　　　（または，1組の辺とその両端の角がそれぞれ等しい。）
　三角形…△LJK，合同条件…直角三角形の斜辺と他の1辺がそれぞれ等しい。

4 (1) ∠x=60° (2) y=14 **5** (1) × (2) ○

6 (1) ひし形 (2) 長方形 (3) 正方形 **7** (1) △DCE (2) △AEB

基礎力確認テスト 解答・解説

→問題36ページ

1 ∠x=30° **2** 右の図

3 ∠x=65° **4** 3cm

5 ②，③ **6** 右の図 **7** 解説参照

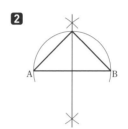

1 DA=DB=BC より，
△DABと△BCDは二等辺
三角形である。
∠DBA=∠DAB=∠x
△DABで，三角形の内角と外角の関係から，
∠BDC=∠BCD=∠x+∠x=2∠x
△CABにおいて，
2∠x+∠x+90°=180°　∠x=30°

2 △AOC≡△BOCで，これらは，
直角二等辺三角形だから，
∠OAC=∠OBC=45°

3 AD//BC より，
∠x=∠AEB=∠ABE
　　=180°−115°=65°

4 平行線と錯角の関係
から，
∠BAE=∠DAE
　　=∠BEA
∠CDF=∠ADF
　　=∠CFD
よって，△BAEと△CFDは二等辺三角形。
BE=CF=6.5cm
EF=(6.5+6.5)−10=3(cm)

5 ① 逆は「整数 a，bで，ab が偶数ならば，a も b も偶数である」。a か b のどちらかだけが偶

数であれば，abは偶数になるので，正しくない。
④ 逆は「四角形ABCDで，対角線ACとBDが垂直に交わるならば，ひし形である」。対角線ACとBDがそれぞれの中点で垂直に交わらなければ，ひし形にならないので，正しくない。

6 点Fを通り線分EGに平行な直線をひき，辺BCとの交点をPとする。点EとPを結ぶ。
EG//FP より，△EGF=△EGP
よって，
　五角形ABGFEの面積
=四角形ABGEの面積+△EGFの面積
=四角形ABGEの面積+△EGPの面積
=四角形ABPEの面積

7 (証明) 四角形ABCDは長方形であるから，
ED//BF…①，AB//DC　　…②
②より，∠ABD=∠CDB　…③
また，∠ABE=∠EBD，
∠ABE+∠EBD=∠ABD
より，∠EBD=$\frac{1}{2}$∠ABD　…④
同様に，∠FDB=$\frac{1}{2}$∠CDB…⑤
③，④，⑤より，∠EBD=∠FDB
よって，錯角が等しいから，EB//DF…⑥
①，⑥より，2組の対辺がそれぞれ平行であるから，四角形EBFDは平行四辺形である。

基礎問題 解答

問題38ページ

1 (1) 0.20 (2) 16 (3) 0.45 　**2** 第1四分位数…6　第3四分位数…14

3 英語 　**4** (1) 36通り (2) $\dfrac{1}{6}$ (3) $\dfrac{5}{36}$ (4) $\dfrac{31}{36}$ 　**5** (1) $\dfrac{1}{8}$ (2) $\dfrac{7}{8}$

6 (1) $\dfrac{3}{10}$ (2) $\dfrac{3}{5}$

基礎力確認テスト 解答・解説

問題40ページ

1 (1) 5 (2) 10冊以上20冊未満の階級 　**2** 52.5cm 　**3** 0.3

4 $\dfrac{1}{9}$ 　**5** (1) $\dfrac{1}{9}$ (2) $\dfrac{1}{4}$ (3) $\dfrac{11}{36}$ 　**6** $\dfrac{9}{16}$ 　**7** $\dfrac{2}{15}$

1 資料の値を小さい順に並べると，

5, 7, 7, 7, 11, 11, 15, 17, 20, 23, 27, 27, 28, 38, 78

(1) 借りた本が20冊以上30冊未満の階級に入るのは，20, 23, 27, 27, 28(冊)で，5人。

(2) 度数の合計は15人なので，大きさの順に並べたとき，8番目の値が中央値だから，17冊。17冊の入る階級は，10冊以上20冊未満の階級である。

2 (階級値)×(度数)の合計は，

$42×3+46×4+50×6+54×9+58×5+62×2+66×1=1576$

よって，長座体前屈の記録の平均値は，

$1576÷30=52.53…(cm)$

小数第2位を四捨五入して，52.5cm。

3 度数が最も多い階級は130cm以上150cm未満の階級だから，その相対度数は，

$\dfrac{12}{40}=0.3$

4 じゃんけんはグー，チョキ，パーの3種類の出し方があるので，3人のじゃんけんの出し方は，$3×3×3=27$(通り)

そのうち，Aだけが勝つのは，グーで勝つとき，チョキで勝つとき，パーで勝つときの3通りなので，求める確率は，$\dfrac{3}{27}=\dfrac{1}{9}$

5 大小2つのさいころの目の出方は，

$6×6=36$(通り)

(1) 出る目の数の和が5になるのは，1と4，2と3，3と2，4と1の4通り。

(2) 2数の積が奇数になるのは，その2数がともに奇数の場合である。よって，1と1，1と3，1と5，3と1，3と3，3と5，5と1，5と3，5と5の9通り。

(3) （少なくとも1つは2の目が出る場合）

＝（どちらか一方が2の目が出る場合）
　　　　　＋（両方とも2の目が出る場合）

$=10+1=11$(通り)

（別解）（少なくとも1つは2の目が出る確率）

＝1－（どちらも2の目が出ない確率）

$=1-\dfrac{5×5}{36}=\dfrac{11}{36}$

6 硬貨4枚の表，裏の出方を樹形図に表すと，

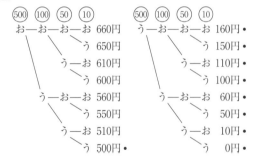

表，裏の出方は全部で16通りで，そのうち，500円以下になるのは，・印をつけた9通り。

7 つくった数のうち，十の位の数が1のものは，12, 13, 14, 15, 16の5通り。

十の位の数が2～6の場合もそれぞれ5通りずつあるので，できる2けたの整数は，

$5×6=30$(通り)

そのうち，9の倍数になるのは，36, 45, 54, 63の4通り。

➡問題 42 ページ

解答

1 (1) 6 (2) −9 (3) $37x+8$ (4) $\dfrac{13}{3}$ (5) $6x^2+5x$ (6) $5a+b$

2 (1) $a=4b-9$ (2) 17 (3) $x=-3y+6$ (4) $y=4$ (5) 4本

3 解説参照

4 $a=140$

5 (1) $\begin{cases} x+y=400 \\ 500x+300y=152000 \end{cases}$ (2) 一般…160枚，中学生以下…240枚

6 (1) $y=24x+64$ (2) 17分20秒後

7 解説参照

8 135°

9 $\angle x=140°$

10 解説参照

11 0.35

12 ①

解説

1 (1) （与式）$=-3+2+7=6$

(2) （与式）$=-7-2=-9$

(3) （与式）$=9x-13+28x+21$
$=37x+8$

(4) （与式）$=\dfrac{6x-2}{3}-\dfrac{3(2x-5)}{3}$
$=\dfrac{6x-2-6x+15}{3}$
$=\dfrac{13}{3}$

(5) （与式）$=7x^2-x^2-4x+9x$
$=6x^2+5x$

(6) （与式）$=2a+8b+3a-7b$
$=5a+b$

2 (1) 荷物8個の重さの合計は，
$a\times2+3\times6=2a+18\,(\mathrm{kg})$
荷物の平均の重さが$b\,\mathrm{kg}$だから，
$\dfrac{2a+18}{8}=b$
$2a+18=8b$
$2a=8b-18$
$a=4b-9$

(2) $2x^2+y^3$に，$x=3$，$y=-1$を代入すると，
$2\times3^2+(-1)^3=2\times9-1=17$

(3) $y=2-\dfrac{x}{3}$
$3y=6-x$
$x=-3y+6$

(4) $y=\dfrac{a}{x}$に$x=2$，$y=-6$を代入すると，

$-6=\dfrac{a}{2}$ $a=-12$

したがって，式は，$y=-\dfrac{12}{x}$

$x=-3$のとき，$y=-\dfrac{12}{-3}=4$

(5) 直線CGとねじれの位置にある辺は，
辺AB，辺EF，辺AD，辺EHの4本ある。

3 (証明) 5円硬貨の枚数がb枚なので，
1円硬貨の枚数は$(36-b)$枚と表せる。
よって，$a=5b+(36-b)$
$=4b+36$
$=4(b+9)$
bは整数だから，$b+9$も整数である。
したがって，aは4の倍数である。

4 $\dfrac{35}{100}a=49$
$35a=4900$
$a=140$

5 (1) チケットの販売枚数の関係から，
$x+y=400$
チケットの売り上げの合計金額の関係から，
$500x+300y=152000$

(2) $\begin{cases} x+y=400 & \cdots① \\ 500x+300y=152000 & \cdots② \end{cases}$
②÷100 より，$5x+3y=1520\cdots③$
③−①×3 より，
$2x=320$
$x=160$
$x=160$を①に代入すると，

$$160 + y = 400$$
$$y = 240$$

販売枚数は，一般160枚，中学生以下240枚となる。

6 (1) 2点(8, 256)，(24, 640)を通る直線の傾きは，

$$\frac{640 - 256}{24 - 8} = \frac{384}{16} = 24$$

$y = 24x + b$ に $x = 8$，$y = 256$ を代入すると，

$$256 = 24 \times 8 + b$$
$$b = 64$$

よって，$y = 24x + 64$ となる。

(2) グラフより，水そうの水の量が480Lになったのは，$8 \leqq x \leqq 24$ のとき。

よって，$y = 24x + 64$ に $y = 480$ を代入すると，

$$480 = 24x + 64$$
$$x = \frac{52}{3}$$

$\dfrac{52}{3}$分 $= 17\dfrac{1}{3}$分 $= 17$分20秒

7

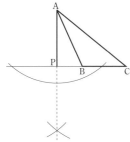

8 側面のおうぎ形の弧の長さは，底面の円の円周に等しいから，

$$2\pi \times 3 = 6\pi \,(\text{cm})$$

半径8cmの円の円周は，

$$2\pi \times 8 = 16\pi \,(\text{cm})$$

おうぎ形の弧の長さは中心角に比例するから，おうぎ形の中心角は，

$$360° \times \frac{6\pi}{16\pi} = 135°$$

9 右の図で，

$$\angle ACB = \angle ACE = 20°$$

AD//BCより，
平行線の錯角は
等しいから，

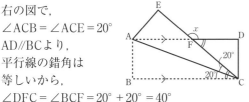

$$\angle DFC = \angle BCF = 20° + 20° = 40°$$
$$\angle x = 180° - 40° = 140°$$

10 (証明) △ABEと△BCGにおいて，

仮定より，

$$AB = BC \qquad \cdots ①$$
$$\angle ABE = \angle BCG = 90° \cdots ②$$

△ABFで，

$$\angle BAE = 180° - (\angle ABF + \angle AFB)$$

$$= 90° - \angle ABF \cdots ③$$
$$\angle CBG = \angle ABE - \angle ABF$$
$$= 90° - \angle ABF \cdots ④$$

③，④より，$\angle BAE = \angle CBG \cdots ⑤$

①，②，⑤より，1組の辺とその両端の角がそれぞれ等しいので，

$$△ABE \equiv △BCG$$

11 度数が最も多い階級は20m以上25m未満の階級で，度数は7人。

よって，$\dfrac{7}{20} = 0.35$

12 大小2つのさいころの目の出方は，

$$6 \times 6 = 36 (\text{通り})$$

そのうち，出る目の数の和が7以上になるのは，

[1, 6], [2, 5], [2, 6], [3, 4], [3, 5],
[3, 6], [4, 3], [4, 4], [4, 5], [4, 6],
[5, 2], [5, 3], [5, 4], [5, 5], [5, 6],
[6, 1], [6, 2], [6, 3], [6, 4], [6, 5],
[6, 6]

の21通りある。

よって，確率は，$\dfrac{21}{36}\left(= \dfrac{7}{12}\right)$

また，出る目の数の和が偶数になるのは，

[1, 1], [1, 3], [1, 5], [2, 2], [2, 4],
[2, 6], [3, 1], [3, 3], [3, 5], [4, 2],
[4, 4], [4, 6], [5, 1], [5, 3], [5, 5],
[6, 2], [6, 4], [6, 6]

の18通りある。

よって，確率は，$\dfrac{18}{36}\left(= \dfrac{1}{2}\right)$

したがって，出る目の数の和が7以上になる確率の方が大きいので，正しいものは①

13

解答

1 (1)　22　(2)　$\dfrac{x+9}{4}$　(3)　$16x+13y$　(4)　$-\dfrac{14b^2}{a}$

2 (1)　$a=1,\ b=-1$　(2)　$y=-2x+5$　(3)　$\angle x=37°$　3 76cm²

4 大根の分量…50g, レタスの分量…75g

5 $\left(\dfrac{24}{7},\ \dfrac{32}{7}\right)$　6 $\dfrac{4}{3}$倍　7 解説参照　8 イ, エ　9 (1)　$\dfrac{2}{5}$　(2)　$\dfrac{11}{15}$

解説

1 (1)　（与式）$=-3+25=22$

(2)　（与式）$=\dfrac{3x-5}{4}-\dfrac{2(x-7)}{4}$

$=\dfrac{3x-5-2x+14}{4}=\dfrac{x+9}{4}$

(3)　（与式）$=6x+18y+10x-5y$

$=16x+13y$

(4)　（与式）$=-\dfrac{7ab\times 4b}{2a^2}=-\dfrac{14b^2}{a}$

2 (1)　連立方程式に $x=3,\ y=-1$ を代入すると,

$\begin{cases} 6a+b=5 & \cdots① \\ 3a+4b=-1 & \cdots② \end{cases}$

これを, $a,\ b$ についての連立方程式とみて解くと,

①×4－②より, $21a=21$　$a=1$

$a=1$ を①に代入すると,

$6\times 1+b=5$　$b=-1$

(2)　求める1次関数の式を $y=ax+b$ とおく。

変化の割合 a は,

$\dfrac{3-9}{1-(-2)}=-2$

$y=-2x+b$ に, $x=1,\ y=3$ を代入すると,

$3=-2\times 1+b$　$b=5$

求める1次関数の式は, $y=-2x+5$ となる。

（別解）

$x=-2$ のとき $y=9$ であるから,

$y=ax+b$ に $x=-2,\ y=9$ を代入すると,

$9=-2a+b\cdots①$

同様にして, $x=1$ のとき $y=3$ であるから,

$3=a+b\cdots②$

①, ②を連立方程式とみて解くと,

$a=-2,\ b=5$

求める1次関数の式は, $y=-2x+5$ となる。

(3)

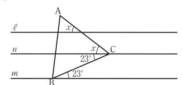

頂点Cを通り, 直線 ℓ, m と平行な直線 n をひくと, 平行線の同位角と錯角より,

$\angle x=60°-23°$

$=37°$

（別解）

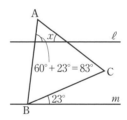

上の図で,

$\angle x=180°-(60°+83°)$

$=180°-143°$

$=37°$

3 面積が $(2\times 2-1\times 1)\,\mathrm{cm}^2$ の図形が24枚と $(2\times 2)\,\mathrm{cm}^2$ の図形が1枚合わさった図形であるから, 面積は,

$3\times 24+4=76(\mathrm{cm}^2)$

4 大根の分量を $x\,\mathrm{g}$, レタスの分量を $y\,\mathrm{g}$ とすると,

$\begin{cases} x+y+50=175 & \cdots① \\ \dfrac{18}{100}x+\dfrac{12}{100}y+\dfrac{30}{100}\times 50=33 & \cdots② \end{cases}$

①より,

$x+y=125\cdots③$

②より,

$3x+2y=300\cdots④$

④－③×2より,

$x=50$

$x=50$ を③に代入すると，

$50+y=125$　$y=75$

これらは問題に適している。

5 △BPQ＝△COQとなるとき，四角形OAPQが共通であるから，△OAB＝△PCAとなる。

△OABの面積は，A(8, 0)，B(0, 8)より，

$\dfrac{1}{2}\times 8\times 8=32$

点Pの座標を(a, b)とすると，

AC＝$8-(-6)=14$より，△PCAの面積について，

$\dfrac{1}{2}\times 14\times b=32$　$b=\dfrac{32}{7}$

$y=-x+8$に，$x=a$，$y=\dfrac{32}{7}$を代入すると，

$a=\dfrac{24}{7}$

よって，P$\left(\dfrac{24}{7}, \dfrac{32}{7}\right)$

（別解）

△BPQ＝△COQとなるのは，2点B，Cを通る直線と2点O，Pを通る直線が平行となるときである。

直線BCの傾きは$\dfrac{4}{3}$であるから，直線OPの式は，

$y=\dfrac{4}{3}x$

点Pは，関数$y=-x+8$と直線OPの交点であるから，

連立方程式$\begin{cases} y=-x+8 \\ y=\dfrac{4}{3}x \end{cases}$を解いて，

$x=\dfrac{24}{7}$，$y=\dfrac{32}{7}$

よって，P$\left(\dfrac{24}{7}, \dfrac{32}{7}\right)$

6 直線ABを軸として1回転させてできる円錐の体積は，

$\dfrac{1}{3}\times\pi\times 4^2\times 3=16\pi$（cm³）

直線BCを軸として1回転させてできる円錐の体積は，

$\dfrac{1}{3}\times\pi\times 3^2\times 4=12\pi$（cm³）

よって，$\dfrac{16\pi}{12\pi}=\dfrac{4}{3}$（倍）

7 （証明）△OAPと△OCQにおいて，

平行四辺形の対角線はそれぞれの中点で交わるから，

　　　OA＝OC　　…①

対頂角は等しいから，

　　　∠AOP＝∠COQ…②

AP∥QCより，平行線の錯角は等しいから，

　　　∠OAP＝∠OCQ…③

①，②，③より，1組の辺とその両端の角がそれぞれ等しいから，

　　　△OAP≡△OCQ

合同な図形の対応する辺は等しいから，

　　　AP＝CQ

8 ア…A中学校の最頻値は22.5分，B中学校の最頻値は17.5分だから，異なる。

イ…どちらも15分以上20分未満の階級にある。

ウ…A中学校の相対度数は，$\dfrac{13}{39}=0.33\cdots$

B中学校の相対度数は，$\dfrac{30}{100}=0.3$

だから，A中学校の方が大きい。

エ…A中学校にくらべて，B中学校は0分以上5分未満の階級と，35分以上40分未満の階級にそれぞれ生徒がいるので，B中学校の方が範囲が大きい。

正しいものは，**イ**，**エ**

9 (1)　取り出した玉の組み合わせを樹形図にかくと，下の図のようになる。

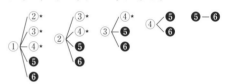

起こりうる場合は全部で15通りある。

そのうち，取り出した玉が2個とも白玉である場合は，★をつけた6通りある。

求める確率は，$\dfrac{6}{15}=\dfrac{2}{5}$

(2)

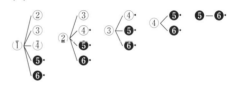

(1)と同様に樹形図をかくと，起こりうる場合は全部で15通りある。

そのうち取り出した玉に書かれた数の和が6以上となるのは，・印をつけた11通りある。

求める確率は，$\dfrac{11}{15}$

受験合格への道

受験の時期までにやっておきたい項目を，
目安となる時期に沿って並べました。
まず，右下に，志望校や入試の日付などを書き込み，
受験勉強をスタートさせましょう！

受験勉強スタート！

春

中学1・2年生の内容を固める

まずは本書を使って中学1・2年生の内容の基礎を固めましょう。**苦手だとわかったところは，教科書やワークを見直しておきましょう。**自分の苦手な範囲を知って，基礎に戻って復習し，克服しておくことが重要です。

中学3年生の内容を固める

中学3年生の内容は，**学校の進み具合に合わせて基礎を固めていくようにしましょう。**教科書やワーク，定期テストの問題を使って，わからないところ，理解していないところがないか，確認しましょう。

夏

応用力をつける

入試レベルの問題に積極的に取り組み，応用力をつけていきましょう。**いろいろなタイプの問題や新傾向問題を解いて，あらゆる種類の問題に慣れておくことが重要です。**夏休みから受験勉強を始める場合，あせらずまずは本書で基礎を固めましょう。

秋

志望校の対策を始める

実際に受ける学校の過去問を確認し，傾向などを知っておきましょう。過去問で何点とれたかよりも，出題形式や傾向，雰囲気に慣れることが大事です。また，似たような問題が出題されたら，必ず得点できるよう，復習しておくことも重要です。

冬

最終チェック

付録の「要点まとめシート」などを使って，全体を見直し，理解が抜けているところがないか，確認しましょう。**入試では，基礎問題を確実に得点することが大切です。**

入試本番！

志望する学校や入試の日付などを書こう。